建筑施工特种作业人员培训教材

建筑起重机械安装拆卸工
（塔式起重机）

建筑施工特种作业人员培训教材编委会　组织编写

中国建筑工业出版社

图书在版编目（CIP）数据

建筑起重机械安装拆卸工．塔式起重机／建筑施工特种作业人员培训教材编委会组织编写． — 北京：中国建筑工业出版社，2020.12（2021.5重印）

建筑施工特种作业人员培训教材

ISBN 978-7-112-25593-1

Ⅰ. ①建… Ⅱ. ①建… Ⅲ. ①建筑机械－起重机械－装配(机械)－技术培训－教材②塔式起重机－装配(机械)－技术培训－教材 Ⅳ. ①TH210.8

中国版本图书馆 CIP 数据核字(2020)第 227248 号

本书是《建筑施工特种作业人员培训教材》的分册《建筑起重机械安装拆卸工（塔式起重机）》，依据最新的标准规范编写。全书共分两部分：公共基础知识和专业基础知识。公共基础知识部分全面讲述了特种作业人员必备职业道德、法律法规、安全防护等知识。专业基础知识部分重点讲述了塔式起重机的构造、安装、调试、维护保养及其安全操作技术和管理知识。本书可作为建筑施工现场塔式起重机安装拆卸工的培训教材，也可供相关人员阅读参考。

责任编辑：李 慧
责任校对：党 蕾

建筑施工特种作业人员培训教材
建筑起重机械安装拆卸工（塔式起重机）
建筑施工特种作业人员培训教材编委会 组织编写
*
中国建筑工业出版社出版、发行（北京海淀三里河路9号）
各地新华书店、建筑书店经销
北京红光制版公司制版
河北鹏润印刷有限公司印刷
*
开本：850 毫米×1168 毫米 1/32 印张：7 字数：190 千字
2021 年 4 月第一版 2021 年 5 月第二次印刷
定价：**32.00** 元
ISBN 978-7-112-25593-1
（36682）

建筑施工特种作业人员
培训教材编委会

主　任：高　峰

副主任：王宇旻　陈海昌

委　员：金　强　朱利闽　刘钦燕　刘　辉　马　记

　　　　成　军　陈晓苏　姜　宁　姜　昱　徐卫星

　　　　曹立忠　温锦明

本书编审委员会

主　编：徐卫星

副主编：马夫华

(本系列教材公共基础知识编写成员：金　强　朱利闽

朱　青　刘　辉)

审　稿：钱爱成

前　　言

　　《中华人民共和国安全生产法》规定："生产经营单位的特种作业人员必须按照国家有关规定经专门的安全作业培训，取得相应资格，方可上岗作业"。建筑施工特种作业人员是指在房屋建筑和市政工程施工活动中，从事可能对本人、他人及周围设备设施的安全造成重大危害作业的人员。作为建设行业高危工种之一，其从业直接关系建筑施工质量安全，直接关系公民生命、财产安全和公共安全。

　　为进一步紧贴建筑施工特种作业人员职业素质和适岗能力的实际需要，编写委员会组织编写了《建筑电工》《建筑架子工》《附着式升降脚手架架子工》《建筑起重信号司索工》等24个工种的系列教材。该套教材既是相关工种培训考核的指导用书，又是一线建筑施工特种作业人员的实用工具书。

　　本套教材在编写过程中，得到了江苏省相关专家和部门的大力支持，在此一并表示感谢！因编者水平有限，难免会存在疏漏和不足之处，真诚希望广大同行和读者给予批评指正。

编者

二〇一九年五月

目　　录

第一部分　公共基础知识

第一部分　公共基础知识

第一章　职业道德

第一节　道德的含义和基本内容

1. 道德的含义

道德是一种社会意识形态，是人们共同生活及其行为的准则与规范。

意识形态除了道德以外，还包括政治、法律、艺术、宗教、哲学和其他社会科学等意识形态，是对事物的理解、认知，对事物的感观思想，是观念、观点、概念、思想、价值观等要素的总和。如：对生命的认识和观点；对金钱物质的看法等。

道德往往代表着社会的正面价值取向，起到判断行为正当与否的作用。道德是以善恶为标准，通过社会舆论、内心信念和传统习惯来评价人的行为，调整人与人之间以及个人与社会之间相互关系的行动规范的总和。

2. 道德与法纪的关系

遵守道德是指按照社会道德规范行事，不做损害他人的事。遵守法纪是指遵守纪律和法律，按照规定行事，不违背纪律和法律的规定条文。法纪与道德既有区别也有联系，它们是两种重要的社会调控手段。

（1）法纪属于社会制度范畴，而道德属于社会意识形态范畴。道德侧重于自我约束，是行为主体"应当"的选择，依靠人们的内心信念、传统习惯和社会舆论发挥其作用，不具有强制力；而法纪则侧重于国家或组织的强制手段，是国家或组织制定和颁布，用以调整、约束和规范人们行为的权威性规则。

（2）遵守法纪是遵守道德的最低要求。道德一般又可分为两类：第一类是社会有序化要求的道德，是维系社会稳定所必不可少的最低限度的道德，如不得暴力伤害他人、不得用欺诈手段谋取利益、不得危害公共安全等；第二类是那些有助于提高生活质量、增进人与人之间紧密关系的原则，如博爱、无私、乐于助人、不损人利己等。第一类道德有时也会上升为法纪，通过制裁、处分或奖励的方法得以推行。而第二类道德是对人性较高要求的道德，一般不宜转化为法纪，需要通过教育、宣传和引导等手段来推行。法纪是道德的演化产物，其内容是道德范畴中最基本的要求，因此遵纪守法是遵守道德的最低要求。

（3）遵守道德是遵守法纪的坚强后盾。首先，法纪应包含最低限度的道德，没有道德基础的法纪，是无法获得人们的尊重和自觉遵守的。其次，道德对法纪的实施有保障作用，"徒善不足以为政，徒法不足以自行"，执法者职业道德的提高，守法者的法律意识、道德观念的加强，都对法纪的实施起着推动的作用。再者，道德又对法纪有补充作用，有些不宜由法纪调整的，或本应由法纪调整但因立法的滞后而尚"无法可依"的，道德约束往往就起到了必要的补充作用。

3. 公民道德的基本内容

公民道德主要包括社会公德、职业道德、家庭美德及个人品德四个方面。

（1）社会公德。公德是指与国家、组织、集体、民族、社会等有关的道德，社会公德是社会道德体系的社会层面，是维护社会公共生活正常进行的最基本的道德要求，是全体公民在社会交往和公共生活中应该遵循的行为准则，涵盖了人与人、人与社会、人与自然之间的关系。以文明礼貌、助人为乐、爱护公物、保护环境、遵纪守法为主要内容的社会公德，旨在鼓励人们在社会上做一个好公民。

（2）职业道德。职业道德是人们在职业生活中应当遵循的基本道德，是职业品德、职业纪律、专业能力及职业责任等的总称，它通过公约、守则等对职业生活中的某些方面加以规范。职业道德涵盖了从业人员与服务对象、职业与职工、职业与职业之间的关系；它既是对从业人员在职业活动中的行为要求，又是本行业对社会所承担的道德责任和义务。以爱岗敬业、诚实守信、办事公道、服务群众、奉献社会为主要内容的职业道德，旨在鼓励人们在工作中做一个好的建设者。

（3）家庭美德。家庭美德是调节家庭成员之间、邻里之间以及家庭与国家、社会、集体之间的行为准则，也是评价人们在恋爱、婚姻、家庭、邻里之间交往中的行为是非、善恶的标准。以尊老爱幼、男女平等、夫妻和睦、勤俭持家、邻里团结为主要内容的家庭美德，旨在鼓励人们在家庭生活里做一个好成员。

（4）个人品德。个人品德是一定社会的道德原则和规范在个人思想和行为中的体现，是一个人在其道德行为整体中所表现出来的比较稳定的、一贯的道德特点和倾向。个人品德是每个公民个人修养的体现，现代人应树立关爱、善待和宽厚的理念，对他人、对社会、对自然有关爱之心、善待之举和宽厚情怀。个人品德的内容包括很多，比如正直善良、谦虚谨慎、团结友爱、言行一致等。

社会公德、职业道德、家庭美德、个人品德这四个方面是一个有机的统一体，其外延由大到小，内涵由浅到深，共同构成一个完善的道德体系。在"四德"建设中，人的能动性及个人品德建设是至关重要的，个人品德的修养是树立道德意识、规范言行举止、建设和谐家庭、做好模范工作、维护社会和谐的基础。只有个人具备优良品德修养才能由己及人，才能由己及家庭、集体和社会。正确处理个人与社会、竞争与协作、经济效益与社会效益等关系，树立尊重人、理解人、关心人的理念，发扬社会主义人道主义精神，提倡为人民为社会多做好事、体现社会主义制度优越性、促进社会主义市场经济健康有序发展的良好道德风尚。

党的十八大对未来我国道德建设也做出了重要部署，强调依法治国和以德治国相结合，加强社会公德、职业道德、家庭美德、个人品德教育，弘扬中华传统美德，倡导时代新风，指出了道德修养的"四位一体"性。十八大报告中"推进公民道德建设工程，弘扬真善美、贬斥假恶丑，引导人们自觉履行法定义务、社会责任、家庭责任，营造劳动光荣、创造伟大的社会氛围，培育知荣辱、讲正气、作奉献、促和谐的良好风尚"，强调了社会氛围和社会风尚对公民道德品质的塑造；"深入开展道德领域突出问题专项教育和治理，加强政务诚信、商务诚信、社会诚信和司法公信建设"，突出了"诚信"这个道德建设的核心。

第二节　职业道德的基本特征和主要作用

1. 职业道德的概念

职业道德是指所有从业人员在职业活动中应该遵循的行为准则，是一定职业范围内的特殊道德要求，即整个社会对从业人员的职业观念、职业态度、职业技能、职业纪律和职业作风等方面的行为标准和要求。

职业道德是随着社会分工的发展，并出现相对固定的职业集团时产生的，人们的职业生活实践是职业道德产生的基础。特定的职业不但要求人们具备特定的知识和技能，而且要求人们具备特定的道德观念、情感和品质。各种职业集团，为了维护职业利益和信誉，适应社会的需要，从而在职业实践中，根据一般社会道德的基本要求，逐渐形成了职业道德规范。

职业道德是对从事这个职业所有人员的普遍要求，它不仅是所有从业人员在其职业活动中行为的具体表现，同时也是本职业对社会所负的道德责任与义务，是社会公德在职业生活中的具体化。每个从业人员，不论是从事哪种职业，在职业活动中都要遵守职业道德，如现代中国社会中教师要遵守教书育人、为人师表的职业道德，医生要遵守救死扶伤的职业道德，企业经营者要遵守诚实守信、公平竞争、合法经营的职业道德等。

具体来讲，职业道德的含义主要包括以下八个方面：

（1）职业道德是一种职业规范，普遍受社会的认可。

（2）职业道德是长期以来自然形成的。

（3）职业道德没有确定的形式，通常体现为观念、习惯、信念等。

（4）职业道德依靠文化、内心信念和习惯，通过职工的自律来实现。

（5）职业道德大多没有实质的约束力和强制力。

（6）职业道德的主要内容是对职业人员义务的要求。

（7）职业道德标准多元化，代表了不同企业可能具有不同的价值观。

（8）职业道德承载着企业文化和凝聚力，影响深远。

2. 职业道德的基本特征

职业道德是从业人员在一定的职业活动中应遵循的、具有自身职业特征的道德要求和行为规范。职业道德具有以下几个特点：

（1）普遍性。从业者应当共同遵守基本职业道德行为规范，且在全世界的所有职业者都有着基本相同的职业道德规范。

（2）行业性。职业道德具有适用范围的有限性，每种职业都担负着一定的职业责任和职业义务，由于各种职业的职业责任和义务不同，从而形成各自特定的职业道德的具体规范。职业道德的内容与职业实践活动紧密相连，反映着特定职业活动对从业人员行为的道德要求。

（3）继承性。职业道德具有发展的历史继承性，由于职业具有不断发展和世代延续的特征，不仅其技术世代延续，其管理员工的方法、与服务对象打交道的方式，也有一定历史继承性。在长期实践过程中形成的职业道德内容，会被作为经验和传统继承下来，如"有教无类""学而不厌，诲人不倦"，从古至今都是教师的职业道德。

（4）实践性。一个从业者的职业道德知识、情感、意志、信念、觉悟、良心等都必须通过职业的实践活动，在自己的行为中表现出来，并且接受行业职业道德的评价和自我评价。

（5）多样性。职业道德表达形式多种多样，不同的行业和不同的职业，有不同的职业道德标准，且表现形式灵活。职业道德的表现形式总是从本职业的交流活动实际出发，采用诸如制度、守则、公约、承诺、誓言、条例等形式，以至标语口号之类来加以体现，既易于为从业人员所接受和实行，而且便于形成一种职业的道德习惯。

（6）自律性。从业者通过对职业道德的学习和实践，逐渐培养成较为稳固的职业道德品质，良好的职业道德形成以后，又会在工作中逐渐形成行为上的条件反射，自觉地选择有利于社会、有利于集体的行为，这种自觉就是通过自我内心职业道德意识、觉悟、信念、意志、良心的主观约束控制来实现的。

（7）他律性。道德行为具有受舆论影响的特征，在职业生涯中，从业人员随时都受到所从事职业领域的职业道德舆论的影响。实践证明，创造良好的职业道德社会氛围、职业环境，并通过职业道德舆论的宣传、监督，可以有效地促进人们自觉遵守职业道德，并实现互相监督，共同提升道德境界。

3. 职业道德的主要作用

在现代社会里，人人都是服务对象，人人又都为他人服务。社会对人的关心、社会的安宁和人们之间关系的和谐，是同各个岗位上的服务态度、服务质量密切相关的。在构建和谐社会的新形势下，大力加强社会主义职业道德建设，具有十分重要的作用。

（1）加强职业道德是提高职业人员责任心的重要途径

职业道德要求把个人理想同各行各业、各个单位的发展目标结合起来，同个人的岗位职责结合起来，以增强员工的职业观念、职业事业心和职业责任感。职业道德要求员工在本职工作中不怕艰苦，勤奋工作，既要团结协作，又争个人贡献，既讲经济效益，又讲社会效益。加强职业道德要求紧密联系本行业本单位的实际，有针对性地解决存在的问题。

（2）加强职业道德是促进企业和谐发展的迫切要求

职业道德的基本职能是调节职能，一方面可以调节从业人员内部的关系，即运用职业道德规范约束职业内部人员的行为，促进职业内部人员的团结与合作，加强职业、行业内部人员的凝聚力；另一方面，职业道德又可以调节从业人员与服务对象之间的关系，用来塑造本职业从业人员的社会形象。

企业是具有社会性的经济组织，在企业内部存在着各种复杂的关系，这些关系既有相互协调的一面，也有矛盾冲突的一面，如果解决不好，将会影响企业的凝聚力。这就要求企业所有的员工具有较高的职业道德觉悟，从大局出发，光明磊落、相互谅解、相互宽容、相互信赖、同舟共济，而不能意气用事、互相拆台。企业内部上下级之间、部门之间、员工之间团结协作，使企业真正成为一个具有社会主义精神风貌的和谐集体。

（3）加强职业道德是提高企业竞争力的必要措施

当前市场竞争激烈，各行各业都讲经济效益，要求企业的经营者在竞争中不断开拓创新。但行业之间为了自身的利益，会产生很多新的矛盾，形成自我力量的抵消，使一些企业的经营者在竞争中单纯追求利润、产值，不求质量，或者以次充好、以假乱真，不顾社会效益，损害国家、人民和消费者的利益，企业得到的只能是短暂的收益，失去的是消费者的信任，也就失去了生存和发展的源泉，难以在竞争的激流中屹立不倒。在企业中加强职业道德使得企业在追求自身利润的同时，又能创造好的社会效益，从而提升企业形象，赢得持久而稳定的市场份额；同时，也使企业内部员工之间相互尊重、相互信任、相互合作，从而提高企业凝聚力，企业方能在竞争中稳步发展。

（4）加强职业道德是个人健康发展的基本保障

市场经济对于职业道德建设有其积极一面，也有消极的一面，它的自发性、自由性、注重经济效益的特性，导致一些人"一切向钱看"，唯利是图，不择手段追求经济效益，从而走入歧途，断送前程。提高从业人员的道德素质，树立职业理想，增强职业责任感，形成良好的职业行为，抵抗物欲诱惑，不被利欲所熏心，才能脚踏实地在本行业中追求进步。在社会主义市场经济条件下，只有具备职业道德精神的从业人员，才能在社会中站稳脚跟，成为社会的栋梁之材，在为社会创造效益的同时，也保障了自身的健康发展。

（5）加强职业道德是提高全社会道德水平的重要手段

职业道德是整个社会道德的主要内容，它一方面涉及每个从业者如何对待职业，如何对待工作，同时也是一个从业人员的生活态度、价值观念的表现，是一个人的道德意识和道德行为发展到成熟阶段的体现，具有较强的稳定性和连续性。另一方面，职业道德也是一个职业集体甚至一个行业全体人员的行为表现，如果每个行业、每个职业集体都具备优良的道德，那么对整个社会道德水平的提高就会发挥重要作用。

第三节　建设行业职业道德建设

1. 加强职业道德建设，践行社会主义核心价值观

"国无德不兴，人无德不立。"习近平总书记指出："核心价值观，其实就是一种德，既是个人的德，也是一种大德，就是国家的德、社会的德。"因此，"必须加强全社会的思想道德建设，激发人们形成善良的道德意愿、道德情感，培育正确的道德判断和道德责任，提高道德实践能力尤其是自觉践行能力，引导人们向往和追求讲道德、尊道德、守道德的生活，形成向上的力量、向善的力量。"培育社会主义核心价值观，首先要培植一种有益于国家、社会、他人的道德。

党的十八大提出，倡导富强、民主、文明、和谐，倡导自由、平等、公正、法治，倡导爱国、敬业、诚信、友善，积极培

育和践行社会主义核心价值观。富强、民主、文明、和谐是国家层面的价值目标，自由、平等、公正、法治是社会层面的价值取向，爱国、敬业、诚信、友善是公民个人层面的价值准则。"富强、民主、文明、和谐；自由、平等、公正、法治；爱国、敬业、诚信、友善"，这24个字是社会主义核心价值观的基本内容。践行社会主义核心价值观对于道德建设具有重要的指导意义，而加强道德建设又对践行社会主义核心价值观发挥着基础性作用，两者互有联系，相辅相成。

建设行业是社会主义现代化建设中的一个十分重要的行业。工厂、住宅、学校、商店、医院、体育场馆、文化娱乐设施等的建设，都离不开建设行为，它以满足人民群众日益增长的物质文化生活需要为出发点。建设行业职业道德是社会主义核心价值观、社会主义道德规范在建设行业的具体体现。

2. 结合建设行业特点和现实，加强职业道德建设

（1）职业道德建设的行业特点

以建设行业中建筑为例，专业多、岗位多、从业人员多且普遍文化程度较低、综合素质相对不高；条件艰苦，任务繁重，露天作业、高空作业，常年日晒雨淋，生产生活场所条件艰苦，安全设施落后和不足，作业存在安全隐患，安全事故频发；施工涉及面大，人员流动性强，四海为家，四处奔波，难以接受长期定点的培训教育；工种之间联系紧密，各专业、各工种、各岗位前后延续共同完成工程的建设；具有较强的社会性，一座建筑物凝聚了多方面的努力，体现了其社会价值和经济价值。同时，随着国民经济的发展，建筑行业地位和作用也越来越重要，行业发展关乎国计民生。因此，对从业人员开展及时的、各类形式灵活多样的教育培训，提高道德素质、文化水平、专业知识和职业技能；结合行业特点，加强团结协作教育、服务意识教育和职业道德教育，一切为了社会广大人民和子孙后代的利益，坚持社会主义、集体主义原则，严谨务实，艰苦奋斗、多出精品优质工程，体现其社会价值和经济价值尤为重要。

（2）职业道德建设的行业现实

一个建筑物的诞生或一项工程的竣工需要有良好的设计、周密的施工、合格的建筑材料和严格的检验与监督。近几年来，出现设计结构不合理，计算偏差，不考虑相关因素的情况，埋下重大隐患；施工过程中秩序混乱；建筑材料伪劣产品层出不穷；金钱、人情关系扰乱工程安全质量监督，质量安全事故屡见不鲜。作为百年大计的工程建设产品，如果质量差，损失和危害将无法估量。例如5·12汶川大地震中某些倒塌的问题房屋，杭州地铁坍塌，上海、石家庄在建楼房倒塌事件等。造成这些问题的因素很多，但是道德因素是其中最重要的因素之一。再如，面对激烈的市场竞争，一些建筑企业为了拿到工程项目，使用各种手段，其中手段之一就是盲目压价，用根本无法完成工程的价格去投标。中标后就在设计、施工、材料等方面做文章，启用非法设计人员搞黑设计；施工中偷工减料；材料上买低价伪劣产品，最终，使建筑物的"百年大计"大大打了折扣。因此，大力加强建设行业职业道德建设，营造市场经济良好环境，经济效益和社会效益并重尤为紧迫。

3. 建设行业职业道德要求

根据住房和城乡建设部发布的《建筑业从业人员职业道德规范（试行）》，对建筑从业人员共同职业道德规范要求如下：

（1）热爱事业，尽职尽责

热爱建筑事业，安心本职工作，树立职业责任感和荣誉感，发扬主人翁精神，尽职尽责，在生产中不怕苦，勤勤恳恳，努力完成任务。

（2）努力学习，苦练硬功

努力学文化，学知识，刻苦钻研技术，熟练掌握本工种的基本技能，练就一身过硬本领。努力学习和运用先进的施工方法，钻研建筑新技术、新工艺、新材料。

（3）精心施工，确保质量

树立"百年大计、质量第一"的思想，按设计图纸和技术规范精心操作，确保工程质量，用优良的成绩树立建筑工人形象。

（4）安全生产，文明施工

树立安全生产意识，严格安全操作规程，杜绝一切违章作业现象，确保安全生产无事故。维护施工现场整洁，在争创安全文明标准化现场管理中作出贡献。

（5）节约材料，降低成本

发扬勤俭节约优良传统，在操作中珍惜一砖一木，合理使用材料，认真做好落手清、现场清，及时回收材料，努力降低工程成本。

（6）遵章守纪，维护公德

要争做文明员工，模范遵守各项规章制度，发扬团结互助精神，尽力为其他工种提供方便。

4. 特种作业人员职业道德核心内容

（1）安全第一

坚持"生产必须安全，安全为了生产"的意识，严格遵守操作规程。操作人员要强化安全意识，认真执行安全生产的法律、法规、标准和规范，严格执行操作规程和程序，杜绝一切违章作业，不野蛮施工，不乱堆乱扔。

（2）诚实守信

诚实守信作为社会主义职业道德的基本规范，是和谐社会发展的必然要求，它不仅是建设领域职工安身立命的基础，也是企业赖以生存和发展的基石。操作人员要言行一致，表里如一，真实无欺，相互信任，遵守诺言，忠实地履行自己应当承担的责任和义务。

（3）爱岗敬业

爱岗就是热爱自己的工作岗位，敬业就是要用一种恭敬严肃的态度对待自己的工作。操作人员应当热爱本职工作，不怕苦、不怕累，认真负责，集中精力，精心操作，密切配合其他工种施工，确保工程质量，使工程如期完成。这是社会对每个从业者的要求，更应当是每个从业者对自己的自觉约束。

（4）钻研技术

操作人员要努力学习科学文化知识，刻苦钻研专业技术，苦练硬功，扎实工作，熟练掌握本工作的基本技能，努力学习和运用先进的施工方法，精通本岗位业务，不断提高业务能力。

（5）保护环境

文明操作，防止损坏他人和国家财产。讲究施工环境优美，做到优质、高效、低耗。做到不乱排污水，不乱倒垃圾，不影响交通，不扰民施工。

第二章　建筑施工特种作业人员和管理

第一节　建筑施工特种作业

1. 建筑施工特种作业概念

建筑施工特种作业人员是指在房屋建筑和市政工程施工活动中，从事对本人、他人的生命健康及周围设施的安全可能造成重大危害的作业人员。

特种作业有着不同的危险因素，《中华人民共和国安全生产法》规定：生产经营单位的特种作业人员必须按照国家有关规定经专门的安全作业培训，取得相应资格，方可上岗作业。

2. 建筑施工特种作业工种

（1）住房和城乡建设部《建筑施工特种作业人员管理规定》（建质〔2008〕75号）所确定的建筑施工特种作业人员包括：

1）建筑电工。

2）建筑架子工。

3）建筑起重信号司索工。

4）建筑起重机械司机。

5）建筑起重机械安装拆卸工。

6）高处作业吊篮安装拆卸工。

7）经省级以上人民政府建设主管部门认定的其他特种作业。

（2）《江苏省建筑施工特种作业人员管理暂行办法》（苏建管质〔2009〕5号），规定了江苏省的建筑施工特种作业人员包括：

1）建筑电工。

2）建筑架子工。

3）建筑起重信号司索工。

4）建筑起重机械司机。

5）建筑起重机械安装拆卸工。

6）高处作业吊篮安装拆卸工。

7）建筑焊工。

8）建筑起重机械安装质量检验工。

9）桩机操作工。

10）建筑混凝土泵操作工。

11）建筑施工现场场内机动车司机。

12）其他特种作业人员。

目前，江苏省又将"建筑施工现场场内机动车司机"细分为："建筑施工现场场内叉车司机""建筑施工现场场内装载机司机""建筑施工现场场内翻斗车司机""建筑施工现场场内推土机司机""建筑施工现场场内挖掘机司机""建筑施工现场场内压路机司机""建筑施工现场场内平地机司机""建筑施工现场场内沥青混凝土摊铺机司机"等。

第二节　建筑施工特种作业人员

按照住房和城乡建设部与江苏省建设行政主管部门的规定，从事建筑施工特种作业的人员应当取得建筑施工特种作业人员操作资格证书，方可上岗从事相应作业。

1. 年龄及身体要求

年满 18 周岁且符合相应特种作业规定的年龄要求。

近 3 个月内经二级乙等以上医院体检合格且无听觉障碍、无色盲，无妨碍从事本工种的疾病（如癫痫病、高血压、心脏病、眩晕症、精神病和突发性昏厥症等）和生理缺陷。

2. 学历要求

初中及以上学历。其中，报考建筑起重机械安装质量检验工（塔式起重机、施工升降机）的人员，应符合下列条件之一：

（1）具有工程机械（建筑机械）类、电气类大专以上学历或工程机械（建筑机械）类、电气类、安全工程类助理工程师任职资格，并从事起重机设计、制造、安装调试、维修、操作、检验工作 2 年及其以上。

（2）具有工程机械（建筑机械）类、电气类中专、理工科（非起重专业）大专以上学历或工程机械（建筑机械）类、电气类、安全工程类技术员任职资格，并从事起重机设计、制造、安装调试、维修、操作、检验工作 3 年及其以上。

（3）具有高中学历并从事起重机设计、制造、安装调试、维修、操作、检验工作 5 年及其以上。

3. 考核要求

（1）报名

全省建筑施工特种作业人员考核、发证及管理系统集成在"江苏省建筑业监管信息平台 2.0"上。建筑施工企业人员可由企业统一组织通过监管信息平台直接报名，非建筑施工企业人员向所在地考核基地报名，填报相应工种，经市县建设（筑）主管部门资格审查合格后，到经省建设行政主管部门认定的建筑施工特种作业考核基地，进行培训后参加考核。

凡申请考核、延期复核、换证的人员均须进行二代身份证信息和指静脉信息采集。采集入库的二代身份证和指静脉信息，将作为今后个人进行考核、延期复核、换证、查验的依据，如信息不吻合，将影响上述有关事项的办理。

企业可自行采集本企业申报人员二代身份证信息，指纹信息须由申报人员至考核基地进行现场采集。

（2）考核

建筑施工特种作业人员考核包括安全技术理论和安全操作技能。

考核内容分掌握、熟悉、了解三类。其中掌握即要求能运用相关特种作业知识解决实际问题；熟悉即要求能较深理解相关特种作业安全技术知识；了解即要求具有相关特种作业的基本知识。

（3）考核办法

1）安全技术理论考核。采用无纸化网络闭卷考试方式，考试时间为 2 小时，实行百分制，60 分为合格。其中，安全生产基本知识占 25％，专业基础知识占 25％，专业技术理论占 50％。

2）安全操作技能考核。采用实际操作（或模拟操作）、口试等方式，考核实行百分制，70 分为合格。

3）参考人员在安全技术理论考核合格后，方可参加实际操作技能考核。同一工种的实操考核时间不得早于理论考核时间，在实际操作技能考核合格后，可以取得相应的建筑施工特种作业人员操作资格。

4. 发证

（1）按照住房和城乡建设部《建筑施工特种作业人员管理规定》（建质〔2008〕75 号）的规定，考核发证机关对于考核合格的，应当自考核结果公布之日起 10 个工作日内颁发资格证书。资格证书采用国务院建设主管部门统一规定的式样，由考核发证机关编号后签发。资格证书在全国通用。

（2）江苏省建设行政主管部门从 2017 年下半年开始，试行发放"电子证书"。此项工作得到了住房和城乡建设部的同意。2017 年 10 月 18 日，江苏省政务服务管理办公室与省住房和城乡建设厅联合发文《关于启用住房城乡建设领域从业人员考核合格电子证书使用的有关通知》（省政务办发〔2017〕66 号），文件规定从 2017 年 12 月 1 日起，全面启用电子证书，停发同名纸质证书。根据《中华人民共和国电子签名法》规定，可靠的电子证书具备与同名纸质证书相同效力。省住房和城乡建设厅核发的电子证书，各地在公共资源交易、资质核准予以认可。

（3）电子证书式样（图 2-1）

图 2-1 电子证书的式样

第三节 建筑施工特种作业人员的权利

1. 获得劳动安全卫生的保护权利

建筑施工特种作业人员有获得用人单位提供符合国家规定的劳动安全卫生条件和必要的劳动防护用品的权利；并且有要求按照规定获得职业病健康体检、职业病诊疗、康复等职业病防治服务的权利。

2. 对安全生产状况的知情、参与和建议的权利

建筑施工特种作业人员有获得所从事的特种作业，可能面临的任何潜在危险、职业危害，安全与健康可能造成的后果的知情权；有参与判别和解决所面临的劳动安全卫生问题的权利；有对本单位的安全生产和劳动安全卫生工作建议的权利。

3. 接受职业技能教育培训的权利

建筑施工特种作业人员有接受职业技能教育和安全生产知识培训的权利，以获得对工作环境、生产过程、机械设备和危险物质等方面的有关安全卫生知识。

4. 拒绝违章指挥和强令冒险作业的权利

建筑施工特种作业人员在单位领导或者有关工程技术人员违章指挥，或者在明知存在危险因素而没有采取安全保护措施，强迫命令操作人员作业时，有拒绝工作的权利。

5. 危险状态下的紧急避险权利

在生产劳动过程中，当发现危及作业人员生命安全的情况时，作业人员有权停止工作或者撤离现场。

6. 安全生产活动的监督与批评、检举、控告和申诉的权利

建筑施工特种作业人员对用人单位遵守劳动安全卫生法律法规和标准，履行保护工人安全健康的责任的情况，有监督的权利。对用人单位违反劳动安全卫生法律法规和标准，不履行其责任的情况，作业人员有批评、检举和控告的权利。在劳动保护等方面受到用人单位不公正待遇时，作业人员有向有关部门提出申诉的权利。

对作业人员的检举、控告和申诉，建设行政主管部门和其他有关部门应当查清事实，认真处理，不得压制和打击报复。

用人单位不得因作业人员对本单位安全生产工作提出批评、检举、控告或者拒绝违章指挥、强令冒险作业及向有关部门提出申诉而降低其工资、福利等待遇或者解除与其订立的劳动合同。

7. 依法获得工伤保险的权利

生产经营单位必须依法参加工伤社会保险，为从业人员缴纳保险费。建筑施工企业必须为从事危险作业的职工办理意外伤害保险，支付保险费。当作业人员发生工伤事故时，有权依法获得相关保险的权利。

第四节　建筑施工特种作业人员的义务

1. 遵守有关安全生产的法律、法规和规章的义务

建筑施工特种作业人员在施工活动中，应当遵守有关安全生产的法律、法规和规章。遵守建筑施工安全强制性标准和用人单位的规章制度，严格按照操作规程操作，做到不违规作业、不违章作业。

2. 提高职业技能和安全生产操作水平的义务

建筑施工特种作业人员面对建筑施工活动中的复杂性和多样性，要不断提高职业技能水平。在未上岗之前应参加岗前技能培训和安全生产操作能力的培训，掌握安全操作知识和技能，取得相应合格证书后方可上岗工作。已在工作岗位上的人员，还必须经常性地参加有关教育培训，熟练掌握本工种的各项安全操作技能，不断提高职业技能和安全生产操作水平。

3. 遵守劳动纪律的义务

建筑施工特种作业人员应严格遵守用人单位的劳动纪律。劳动纪律是用人单位为形成和维持生产经营秩序，保证劳动合同得以履行，要求全体员工在集体劳动、工作、生活过程中以及与劳动、工作紧密相关的其他过程中必须共同遵守的规则。

4. 发现事故隐患和其他不安全因素，立即报告的义务

建筑施工特种作业人员在施工现场直接承担具体的作业活动，更容易发现事故隐患或者其他不安全因素，一旦发现事故隐患或者其他不安全因素，作业人员应当立即向现场安全生产管理人员或者本单位负责人报告，不得隐瞒不报或者拖延报告。如果作业人员发现所报告的事故隐患或者其他不安全因素得不到解决，作业人员也可以越级上报。

5. 完成生产任务的义务

建筑施工特种作业人员完成合理的生产任务是应尽的义务，也是取得劳动报酬的基本条件。作业人员在完成合理生产任务的前提下，还应该保证质量，争做生产劳动的积极分子，为企业经济效益、为社会财富的积累、为国家的发展做出自己应有的贡献。

第五节　建筑施工特种作业人员的管理

根据住房和城乡建设部的规定，省、自治区、直辖市人民政府建设主管部门或者其委托的考核机构负责本行政区域内建筑施工特种作业人员的考核工作。

1. 建设行政主管部门的管理职责

（1）省建设行政主管部门的管理职责

1）负责全省范围内建筑施工特种作业人员的考核监督管理工作。

2）研究制定特种作业人员执业资格考核标准、考核大纲，建立相应工种的试题库。

3）认证特种作业人员执业资格考核基地。

4）负责特种作业人员执业资格考核工作的师资教育培训，监督管理考核考务工作。

5）负责特种作业人员执业证书的颁发和管理。

6）负责特种作业人员统计信息工作。

7）其他监督管理工作。

（2）受委托的市、县建设（筑）行政主管部门的管理职责

1）负责本行政区域内特种作业人员的监督管理工作，制定本地区特种作业人员考核发证管理制度，建立本地区特种作业人员档案。

2）负责考核基地的初审和考评人员的日常管理。

3）负责特种作业人员考核工作的组织实施。

4）负责特种作业人员考核、延期复核、换证的市、县分级审核。

5）负责特种作业人员执业继续教育。

6）负责特种作业人员的统计信息工作。

7）监督检查特种作业人员的从业活动，查处违章行为并记录在档。

8）其他监督管理工作。

2. 用人单位的管理职责

（1）用人单位对于首次取得执业资格证书的人员，应当在其正式上岗前安排不少于 3 个月的实习操作。实习操作期间，用人单位应当指定专人指导和监督作业。实习操作期满经用人单位考核合格方可独立作业（所指定的专人应当从已取得相应特种作业资格证书、从事相关工作 3 年以上、无不良记录的熟练工中选取）。

（2）与持有效执业资格证书的特种作业人员订立劳动合同。

（3）制定并落实本单位特种作业安全操作规程和安全管理制度。

（4）书面告知特种作业人员违章操作的危害。

（5）向特种作业人员提供齐全、合格的安全防护用品和安全的作业条件。

（6）组织或者委托有能力的培训机构对本单位特种作业人员进行年度安全生产教育培训或者继续教育，时间不少于 24 小时。

（7）建立本单位特种作业人员管理档案。

（8）查处特种作业人员违章行为并记录在档。

（9）法律法规及有关规定明确的其他职责。

3. 特种作业人员应履行的职责

（1）严格遵守国家有关安全生产规定和本单位的规章制度，按照安全技术标准、规范和规程进行作业。

（2）正确佩戴和使用安全防护用品，并按规定对作业工具和设备进行维护保养。

（3）在施工中发生危及人身安全的紧急情况时，有权立即停止作业或者撤离危险区域，并向施工现场专职安全生产管理人员和项目负责人报告。

（4）自觉参加年度安全教育培训或者继续教育，每年不得少于 24 小时。

（5）拒绝违章指挥，并制止他人违章作业。

（6）法律法规及有关规定明确的其他职责。

4. 特种作业人员资格证书的延期

建筑施工特种作业人员执业资格证书有效期为 2 年。有效期满需要延期的，持证人员本人应当在期满前 3 个月内，向原市县考核受理机关提出申请，市县建设行政主管部门初审后，向省建设行政主管部门申请办理延期复核相关手续。延期复核合格的，证书有效期延期 2 年。

（1）特种作业人员申请资格证书延期复核，应当提交下列材料：

1）延期复核申请表。

2）身份证（原件和复印件）。

3）近 3 个月内由二级乙等以上医院出具的体检合格证明。

4）年度安全教育培训证明和继续教育证明。

5）用人单位出具的特种作业人员管理档案记录。

6）规定提交的其他资料。

（2）特种作业人员在资格证书有效期内，有下列情形之一的，延期复核结果为不合格：

1）超过相关工种规定年龄要求的。

2）身体健康状况不再适应相应特种作业岗位的。

3）对生产安全事故负有直接责任的。

4）2 年内违章操作记录达 3 次（含 3 次）以上的。

5）未按规定参加年度安全教育培训或者继续教育的。

6）规定的其他情形。

（3）市县建设行政主管部门在接到特种作业人员提交的延期复核申请后，应当根据下列情况分别作出处理：

1）对于不符合延期复核申请相关情形的，市县建设行政主管部门自收到延期复核资料之日起 5 个工作日内作出不予延期决定，并说明理由。

2）对于提交资料齐全且符合延期复审申请相关情形的，省建设行政主管部门自收到市县建设行政主管部门延期复核相关手续之日起 10 个工作日内办理准予延期复核手续。

（4）省建设行政主管部门应当在资格证书有效期满前按相关规定作出决定，逾期未作出决定的，视为延期复核合格。

5. 特种作业人员资格证书的撤销与注销

（1）省建设行政主管部门对有下列情形之一的，应当撤销资格证书：

1）持证人弄虚作假骗取资格证书或者办理延期手续的。

2）工作人员违法核发资格证书的。

3）持证人员因安全生产责任事故承担刑事责任的。

4）规定应当撤销的其他情形。

（2）省建设行政主管部门对有下列情形之一的，应当注销资格证书：

1）按规定不予延期的。

2）持证人逾期未申请办理延期复核手续的。

3）持证人死亡或者不具有完全民事行为能力的。

4）本人提出要求的。

5）规定应当注销的其他情形。

6. 特种作业人员管理的其他要求

（1）持有特种作业资格证书的执业人员，应当受聘于建筑施工企业或者建筑起重机械出租单位（以下简称用人单位），方可从事相应的特种作业。

（2）任何单位和个人不得非法涂改、倒卖、出租、出借或者以其他形式转让资格证书。

（3）特种作业人员变动工作单位，任何单位和个人不得以任何理由非法扣押其执业资格证书。

（4）各地应当建立举报制度，公开举报电话或者电子信箱，受理有关特种作业人员考核、发证以及延期复核的举报。对受理的举报，有关机关和工作人员应当及时妥善处理。

第三章 建筑施工安全生产相关法规及管理制度

第一节 建筑安全生产相关法律主要内容

《中华人民共和国宪法》规定：国家通过各种途径，创造劳动就业条件，加强劳动保护，改善劳动条件，并在发展生产的基础上，提高劳动报酬和福利待遇。

劳动是一切有劳动能力的公民的光荣职责。国有企业和城乡集体经济组织的劳动者都应当以国家主人翁的态度对待自己的劳动。国家提倡社会主义劳动竞赛，奖励劳动模范和先进工作者。

1. 《中华人民共和国建筑法》相关内容

（1）建筑活动应当确保建筑工程质量和安全，符合国家的建筑工程安全标准。

（2）从事建筑活动应当遵守法律、法规，不得损害社会公共利益和他人的合法权益。

（3）建筑工程安全生产管理必须坚持安全第一、预防为主的方针，建立健全安全生产的责任制度和群防群治制度。

（4）建筑施工企业应当在施工现场采取维护安全、防范危险、预防火灾等措施；有条件的，应当对施工现场实行封闭管理。

施工现场对毗邻的建筑物、构筑物和特殊作业环境可能造成损害的，建筑施工企业应当采取安全防护措施。

（5）建筑施工企业应当遵守有关环境保护和安全生产的法律、法规的规定，采取控制和处理施工现场的各种粉尘、废气、废水、固体废物以及噪声、振动对环境的污染和危害的措施。

（6）建筑施工企业必须依法加强对建筑安全生产的管理，执行安全生产责任制度，采取有效措施，防止伤亡和其他安全生产事故的发生。

建筑施工企业的法定代表人对本企业的安全生产负责。

（7）施工现场安全由建筑施工企业负责。实行施工总承包的，由总承包单位负责。分包单位向总承包单位负责，服从总承包单位对施工现场的安全生产管理。

（8）建筑施工企业应当建立健全劳动安全生产教育培训制度，加强对职工安全生产的教育培训；未经安全生产教育培训的人员，不得上岗作业。

（9）建筑施工企业和作业人员在施工过程中，应当遵守有关安全生产的法律、法规和建筑行业安全规章、规程，不得违章指挥或者违章作业。作业人员有权对影响人身健康的作业程序和作业条件提出改进意见，有权获得安全生产所需的防护用品。作业人员对危及生命安全和人身健康的行为有权提出批评、检举和控告。

（10）建筑施工企业应当依法为职工参加工伤保险缴纳工伤保险费。鼓励企业为从事危险作业的职工办理意外伤害保险，支付保险费。

（11）施工中发生事故时，建筑施工企业应当采取紧急措施减少人员伤亡和事故损失，并按照国家有关规定及时向有关部门报告。

2.《中华人民共和国安全生产法》相关内容

（1）生产经营单位必须遵守本法和其他有关安全生产的法律、法规，加强安全生产管理，建立、健全安全生产责任制和安全生产规章制度，改善安全生产条件，推进安全生产标准化建设，提高安全生产水平，确保安全生产。

（2）有关协会组织依照法律、行政法规和章程，为生产经营单位提供安全生产方面的信息、培训等服务，发挥自律作用，促进生产经营单位加强安全生产管理。

（3）国家实行生产安全事故责任追究制度，依照本法和有关法律、法规的规定，追究生产安全事故责任人员的法律责任。

（4）生产经营单位应当对从业人员进行安全生产教育和培训，保证从业人员具备必要的安全生产知识，熟悉有关的安全生产规章制度和安全操作规程，掌握本岗位的安全操作技能，了解事故应急处理措施，知悉自身在安全生产方面的权利和义务。未经安全生产教育和培训合格的从业人员，不得上岗作业。

（5）生产经营单位的特种作业人员必须按照国家有关规定经专门的安全作业培训，取得相应资格，方可上岗作业。

（6）生产经营单位应当建立健全生产安全事故隐患排查治理制度，采取技术、管理措施，及时发现并消除事故隐患。事故隐患排查治理情况应当如实记录，并向从业人员通报。

（7）承担安全评价、认证、检测、检验的机构应当具备国家规定的资质条件，并对其作出的安全评价、认证、检测、检验的结果负责。

（8）负有安全生产监督管理职责的部门应当建立举报制度，公开举报电话、信箱或者电子邮件地址，受理有关安全生产的举报；受理的举报事项经调查核实后，应当形成书面材料；需要落实整改措施的，报经有关负责人签字并督促落实。

（9）任何单位或者个人对事故隐患或者安全生产违法行为，均有权向负有安全生产监督管理职责的部门报告或者举报。

（10）新闻、出版、广播、电影、电视等单位有进行安全生产宣传教育的义务，有对违反安全生产法律、法规的行为进行舆论监督的权利。

3.《中华人民共和国特种设备安全法》相关内容

（1）特种设备生产、经营、使用单位应当遵守本法和其他有关法律、法规，建立、健全特种设备安全和节能责任制度，加强特种设备安全和节能管理，确保特种设备生产、经营、使用安全，符合节能要求。

（2）任何单位和个人有权向负责特种设备安全监督管理的部

门和有关部门举报涉及特种设备安全的违法行为，接到举报的部门应当及时处理。

（3）特种设备生产、经营、使用单位及其主要负责人对其生产、经营、使用的特种设备安全负责。

特种设备生产、经营、使用单位应当按照国家有关规定配备特种设备安全管理人员、检测人员和作业人员，并对其进行必要的安全教育和技能培训。

（4）特种设备安全管理人员、检测人员和作业人员应当按照国家有关规定取得相应资格，方可从事相关工作。特种设备安全管理人员、检测人员和作业人员应当严格执行安全技术规范和管理制度，保证特种设备安全。

（5）特种设备使用单位应当建立岗位责任、隐患治理、应急救援等安全管理制度，制定操作规程，保证特种设备安全运行。

（6）特种设备使用单位应当建立特种设备安全技术档案。

安全技术档案应当包括以下内容：

1）特种设备的设计文件、产品质量合格证明、安装及使用维护保养说明、监督检验证明等相关技术资料和文件。

2）特种设备的定期检验和定期自行检查记录。

3）特种设备的日常使用状况记录。

4）特种设备及其附属仪器仪表的维护保养记录。

5）特种设备的运行故障和事故记录。

（7）特种设备的使用应当具有规定的安全距离、安全防护措施。

（8）特种设备使用单位应当对其使用的特种设备进行经常性维护保养和定期自行检查，并作出记录。

特种设备使用单位应当对其使用的特种设备的安全附件、安全保护装置进行定期校验、检修，并作出记录。

（9）特种设备使用单位应当按照安全技术规范的要求，在检验合格有效期届满前一个月向特种设备检验机构提出定期检验要求。

特种设备检验机构接到定期检验要求后，应当按照安全技术规范的要求及时进行安全性能检验。特种设备使用单位应当将定期检验标志置于该特种设备的显著位置。

未经定期检验或者检验不合格的特种设备，不得继续使用。

（10）特种设备安全管理人员应当对特种设备使用状况进行经常性检查，发现问题应当立即处理；情况紧急时，可以决定停止使用特种设备并及时报告本单位有关负责人。

特种设备作业人员在作业过程中发现事故隐患或者其他不安全因素，应当立即向特种设备安全管理人员和单位有关负责人报告；特种设备运行不正常时，特种设备作业人员应当按照操作规程采取有效措施保证安全。

（11）特种设备出现故障或者发生异常情况，特种设备使用单位应当对其进行全面检查，消除事故隐患，方可继续使用。

（12）负责特种设备安全监督管理的部门在依法履行监督检查职责时，可以行使下列职权：

1）进入现场进行检查，向特种设备生产、经营、使用单位和检验、检测机构的主要负责人和其他有关人员调查、了解有关情况。

2）根据举报或者取得的涉嫌违法证据，查阅、复制特种设备生产、经营、使用单位和检验、检测机构的有关合同、发票、账簿以及其他有关资料。

3）对有证据表明不符合安全技术规范要求或者存在严重事故隐患的特种设备实施查封、扣押。

4）对流入市场的达到报废条件或者已经报废的特种设备实施查封、扣押。

5）对违反本法规定的行为作出行政处罚决定。

（13）特种设备使用单位应当制定特种设备事故应急专项预案，并定期进行应急演练。

（14）特种设备发生事故后，事故发生单位应当按照应急预案采取措施，组织抢救，防止事故扩大，减少人员伤亡和财产损失，保护事故现场和有关证据，并及时向事故发生地县级以上人民政府负责特种设备安全监督管理的部门和有关部门报告。

与事故相关的单位和人员不得迟报、谎报或者瞒报事故情况，不得隐匿、毁灭有关证据或者故意破坏事故现场。

4. 《中华人民共和国劳动合同法》相关内容

（1）用人单位自用工之日起即与劳动者建立劳动关系。用人单位应当建立职工名册备查。

（2）用人单位招用劳动者时，应当如实告知劳动者工作内容、工作条件、工作地点、职业危害、安全生产状况、劳动报酬，以及劳动者要求了解的其他情况；用人单位有权了解劳动者与劳动合同直接相关的基本情况，劳动者应当如实说明。

（3）用人单位招用劳动者，不得扣押劳动者的居民身份证和其他证件，不得要求劳动者提供担保或者以其他名义向劳动者收取财物。

（4）建立劳动关系，应当订立书面劳动合同。

已建立劳动关系，未同时订立书面劳动合同的，应当自用工之日起一个月内订立书面劳动合同。

用人单位与劳动者在用工前订立劳动合同的，劳动关系自用工之日起建立。

（5）劳动合同无效或者部分无效的情形：

1）以欺诈、胁迫的手段或者乘人之危，使对方在违背真实意思的情况下订立或者变更劳动合同的。

2）用人单位免除自己的法定责任、排除劳动者权利的。

3）违反法律、行政法规强制性规定的。

对劳动合同的无效或者部分无效有争议的，由劳动争议仲裁机构或者人民法院确认。

（6）用人单位应当按照劳动合同约定和国家规定，向劳动者及时足额支付劳动报酬。

用人单位拖欠或者未足额支付劳动报酬的，劳动者可以依法向当地人民法院申请支付令，人民法院应当依法发出支付令。

（7）用人单位应当严格执行劳动定额标准，不得强迫或者变相强迫劳动者加班。用人单位安排加班的，应当按照国家有关规定向劳动者支付加班费。

（8）劳动者拒绝用人单位管理人员违章指挥、强令冒险作业的，不视为违反劳动合同。

劳动者对危害生命安全和身体健康的劳动条件，有权对用人单位提出批评、检举和控告。

5.《中华人民共和国刑法》相关内容

（1）【重大责任事故罪】在生产、作业中违反有关安全管理的规定，因而发生重大伤亡事故或者造成其他严重后果的，处三年以下有期徒刑或者拘役；情节特别恶劣的，处三年以上七年以下有期徒刑。

（2）【强令违章冒险作业罪】强令他人违章冒险作业，因而发生重大伤亡事故或者造成其他严重后果的，处五年以下有期徒刑或者拘役；情节特别恶劣的，处五年以上有期徒刑。

（3）【重大劳动安全事故罪】安全生产设施或者安全生产条件不符合国家规定，因而发生重大伤亡事故或者造成其他严重后果的，对直接负责的主管人员和其他直接责任人员，处三年以下有期徒刑或者拘役；情节特别恶劣的，处三年以上七年以下有期徒刑。

（4）【工程重大安全事故罪】建设单位、设计单位、施工单位、工程监理单位违反国家规定，降低工程质量标准，造成重大安全事故的，对直接责任人员，处五年以下有期徒刑或者拘役，并处罚金；后果特别严重的，处五年以上十年以下有期徒刑，并处罚金。

（5）【消防责任事故罪】违反消防管理法规，经消防监督机构通知采取改正措施而拒绝执行，造成严重后果的，对直接责任人员，处三年以下有期徒刑或者拘役；后果特别严重的，处三年以上七年以下有期徒刑。

（6）【不报、谎报安全事故罪】在安全事故发生后，负有报告职责的人员不报或者谎报事故情况，贻误事故抢救，情节严重的，处三年以下有期徒刑或者拘役；情节特别严重的，处三年以上七年以下有期徒刑。

第二节　建筑安全生产相关法规主要内容

1.《建设工程安全生产管理条例》

该条例规定了施工单位的相关安全责任，包括：依法取得资质和承揽工程；建立健全安全生产制度和操作规程；保证本单位安全生产条件所需资金的投入；设立安全生产管理机构，配备专职安全生产管理人员；总承包单位对施工现场的安全生产负总责；总承包单位和分包单位对分包工程的安全生产承担连带责任；特种作业人员必须按照国家有关规定经过专门的安全作业培训，并取得特种作业操作资格证书；施工单位的施工组织设计及专项施工方案管理责任；建设工程施工安全技术交底责任；施工现场、办公、生活区安全文明管理责任；相邻建筑物及环保管理责任；施工现场防火管理责任；施工作业人员安全防护及劳保管理责任；施工机械管理责任；施工单位的主要负责人、项目负责人、专职安全生产管理人员任职管理责任；施工单位对管理人员和作业人员的安全生产教育培训管理责任；施工单位为施工现场从事危险作业的人员办理意外伤害保险等相关安全责任。

相关内容：

（1）垂直运输机械作业人员、安装拆卸工、爆破作业人员、起重信号工、登高架设作业人员等特种作业人员，必须按照国家有关规定经过专门的安全作业培训，并取得特种作业操作资格证书后，方可上岗作业。

（2）施工单位应当在施工现场入口处、施工起重机械、临时用电设施、脚手架、出入通道口、楼梯口、电梯井口、孔洞口、桥梁口、隧道口、基坑边沿、爆破物及有害危险气体和液体存放处等危险部位，设置明显的安全警示标志。安全警示标志必须符合国家标准。

施工单位应当根据不同施工阶段和周围环境及季节、气候的变化，在施工现场采取相应的安全施工措施。施工现场暂时停止施工的，施工单位应当做好现场防护，所需费用由责任方承担，或者按照合同约定执行。

（3）施工单位应当向作业人员提供安全防护用具和安全防护服装，并书面告知危险岗位的操作规程和违章操作的危害。

作业人员有权对施工现场的作业条件、作业程序和作业方式中存在的安全问题提出批评、检举和控告，有权拒绝违章指挥和强令冒险作业。

在施工中发生危及人身安全的紧急情况时，作业人员有权立即停止作业或者在采取必要的应急措施后撤离危险区域。

2.《生产安全事故报告和调查处理条例》

该条例对事故报告、事故调查、事故等级及事故处理作出了如下规定：

（1）根据生产安全事故（以下简称事故）造成的人员伤亡或者直接经济损失，事故一般分为以下等级：

1）特别重大事故，是指造成 30 人（含 30 人）以上死亡，或者 100 人（含 100 人）以上重伤（包括急性工业中毒，下同），或者 1 亿元（含 1 亿元）以上直接经济损失的事故。

2）重大事故，是指造成 10 人（含 10 人）以上 30 人以下死亡，或者 50 人（含 50 人）以上 100 人以下重伤，或者 5000 万元（含 5000 万元）以上 1 亿元以下直接经济损失的事故。

3）较大事故，是指造成 3 人（含 3 人）以上 10 人以下死亡，或者 10 人（含 10 人）以上 50 人以下重伤，或者 1000 万元（含 1000 万元）以上 5000 万元以下直接经济损失的事故。

4）一般事故，是指造成 3 人以下死亡，或者 10 人以下重伤，或者 1000 万元以下直接经济损失的事故。

（2）事故发生后，事故现场有关人员应当立即向本单位负责人报告；单位负责人接到报告后，应当于 1 小时内向事故发生地县级以上人民政府安全生产监督管理部门和负有安全生产监督管理职责的有关部门报告。

情况紧急时，事故现场有关人员可以直接向事故发生地县级以上人民政府安全生产监督管理部门和负有安全生产监督管理职责的有关部门报告。

（3）事故调查组有权向有关单位和个人了解与事故有关的情况，并要求其提供相关文件、资料，有关单位和个人不得拒绝。

事故发生单位的负责人和有关人员在事故调查期间不得擅离职守，并应当随时接受事故调查组的询问，如实提供有关情况。

事故调查中发现涉嫌犯罪的，事故调查组应当及时将有关材料或者其复印件移交司法机关处理。

3. 《特种设备安全监察条例》

（1）特种设备生产、使用单位应当建立健全特种设备安全、节能管理制度和岗位安全、节能责任制度。

特种设备生产、使用单位的主要负责人应当对本单位特种设备的安全和节能全面负责。

特种设备生产、使用单位和特种设备检验检测机构，应当接受特种设备安全监督管理部门依法进行的特种设备安全监察。

（2）特种设备出现故障或者发生异常情况，使用单位应当对其进行全面检查，消除事故隐患后，方可重新投入使用。

（3）特种设备使用单位应当对特种设备作业人员进行特种设备安全、节能教育和培训，保证特种设备作业人员具备必要的特种设备安全、节能知识。

特种设备作业人员在作业中应当严格执行特种设备的操作规程和有关的安全规章制度。

（4）特种设备作业人员在作业过程中发现事故隐患或者其他不安全因素，应当立即向现场安全管理人员和单位有关负责人报告。

第三节　建筑安全生产相关规章及规范性文件主要内容

1.《建筑起重机械安全监督管理规定》

（1）使用单位应当履行下列安全职责：

1）根据不同施工阶段、周围环境以及季节、气候的变化，对建筑起重机械采取相应的安全防护措施。

2）制定建筑起重机械生产安全事故应急救援预案。

3）在建筑起重机械活动范围内设置明显的安全警示标志，对集中作业区做好安全防护。

4）设置相应的设备管理机构或者配备专职的设备管理人员。

5）指定专职设备管理人员、专职安全生产管理人员进行现场监督检查。

6）建筑起重机械出现故障或者发生异常情况的，立即停止使用，消除故障和事故隐患后，方可重新投入使用。

（2）使用单位应当对在用的建筑起重机械及其安全保护装置、吊具、索具等进行经常性和定期的检查、维护和保养，并做好记录。

（3）禁止擅自在建筑起重机械上安装非原制造厂制造的标准节和附着装置。

（4）建筑起重机械特种作业人员应当遵守建筑起重机械安全操作规程和安全管理制度，在作业中有权拒绝违章指挥和强令冒险作业，有权在发生危及人身安全的紧急情况时立即停止作业或者采取必要的应急措施后撤离危险区域。

（5）建筑起重机械安装拆卸工、起重信号工、起重司机、司索工等特种作业人员应当经建设主管部门考核合格，并取得特种作业操作资格证书后，方可上岗作业。

省、自治区、直辖市人民政府建设主管部门负责组织实施建筑施工企业特种作业人员的考核。

2. 《危险性较大的分部分项工程安全管理办法》

该办法对危险性较大的分部分项工程，即房屋建筑和市政基础设施工程在施工过程中，容易导致人员群死群伤或者造成重大经济损失的分部分项工程的前期保障、专项施工方案、现场安全管理及监督管理明确了具体要求。

（1）施工单位应当在施工现场显著位置公告危大工程名称、施工时间和具体责任人员，并在危险区域设置安全警示标志。

（2）专项施工方案实施前，编制人员或者项目技术负责人应当向施工现场管理人员进行方案交底。

施工现场管理人员应当向作业人员进行安全技术交底，并由双方和项目专职安全生产管理人员共同签字确认。

（3）施工单位应当对危大工程施工作业人员进行登记，项目负责人应当在施工现场履职。

项目专职安全生产管理人员应当对专项施工方案实施情况进行现场监督，对未按照专项施工方案施工的，应当要求立即整改，并及时报告项目负责人，项目负责人应当及时组织限期整改。

施工单位应当按照规定对危大工程进行施工监测和安全巡视，发现危及人身安全的紧急情况，应当立即组织作业人员撤离危险区域。

（4）危大工程发生险情或者事故时，施工单位应当立即采取应急处置措施，并报告工程所在地住房和城乡建设主管部门。建设、勘察、设计、监理等单位应当配合施工单位开展应急抢险工作。

第四章　建筑施工安全防护基本知识

第一节　个人安全防护用品的使用

1. 安全帽

安全帽是对人的头部受坠落物及其他特定因素引起的伤害起防护作用的防护用品。由帽壳、帽衬、下颌带和帽箍等组成。

施工现场工人必须佩戴安全帽。

（1）安全帽的作用

主要是为了保护头部不受到伤害，并在出现以下几种情况时保护人的头部不受伤害或降低头部受伤害的程度。

1）飞来或坠落下来的物体击向头部时。

2）当作业人员从 2m 及以上的高处坠落下来时。

3）当头部有可能触电时。

4）在低矮的部位行走或作业，头部有可能碰到尖锐、坚硬的物体时。

（2）安全帽佩戴注意事项

安全帽的佩戴要符合标准，使用应符合规定。佩戴时要注意下列事项：

1）戴安全帽前应将调整带按自己头型调整到适合的位置，然后将帽内弹性带系牢。缓冲衬垫的松紧由带子调节，人的头顶和帽体内顶部的空间垂直距离一般在 25～50mm，这样才能保证当遭受到冲击时，帽体有足够的空间可供缓冲，平时也有利于头和帽体间的通风。

2）不要把安全帽歪戴，也不要把帽檐戴在脑后方，否则，会降低安全帽对于冲击的防护作用。

3）为充分发挥保护力，安全帽佩戴时必须按头围的大小调整帽箍并系紧下颌带。

4）安全帽体顶部除了在帽体内部安装了帽衬外，有的还开了小孔通风。但在使用时不要为了透气而随便再行开孔，因为这样会降低帽体的强度。

5）安全帽要定期检查。检查有没有龟裂、下凹、裂痕和磨损等情况，发现异常现象要立即更换，不准再继续使用。任何受过重击、有裂痕的安全帽，不论有无损坏现象，均应报废。

6）在现场室内作业也要戴安全帽，特别是在室内带电作业时，更要认真戴好安全帽，因为安全帽不但可以防碰撞，而且还能起到绝缘作用。

7）平时使用安全帽时应保持整洁，不能接触火源，不要任意涂刷油漆，不准当凳子坐。如果丢失或损坏，必须立即补发或更换，无安全帽一律不准进入施工现场。

2. 安全带

安全带是用于防止高处作业人员发生坠落或发生坠落后将作业人员安全悬挂的个体防护装备，主要由安全绳、缓冲器、主带、辅带等部件组成。

为了防止作业者在某个高度和位置上可能出现的坠落，作业者在登高和高处作业时，必须系挂好安全带。安全带的使用和维护有以下几点要求：

（1）高处作业施工前，应对作业人员进行安全技术教育及交底，并应配备相应防护用品。作业人员应从思想上重视安全带的作用，作业前必须按规定要求系好安全带。

（2）安全带在使用前要检查各部位是否完好无损，所有零部件应顺滑，无材料或制造缺陷，无尖角或锋利边缘。

（3）挂点强度应满足安全带的负荷要求，挂点不是安全带的组成部分，但同安全带的使用密切相关。高处作业如无固定挂点，应采用适当强度的钢丝绳或采取其他方法悬挂。禁止挂在移动或带尖锐棱角或不牢固的物件上。

（4）高挂低用。将安全带挂在高处，人在下面工作就叫高挂低用。它可以使坠落发生时的实际冲击距离减小。与之相反的是低挂高用。因为当坠落发生时，实际冲击的距离会加大，人和绳都要受到较大的冲击负荷。所以安全带必须高挂低用，严禁低挂高用。

（5）安全带保护套要保持完好，以防绳被磨损。若发现保护套损坏或脱落，必须加上新套后再使用。

（6）安全带严禁擅自接长使用。如果使用 3m 及以上的长绳时必须要加缓冲器，各部件不得任意拆除。

（7）安全带在使用后，要注意维护和保管。要经常检查安全带缝制部分和挂钩部分，必须详细检查捻线是否发生裂断和残损等。

（8）安全带不使用时要妥善保管，不可接触高温、明火、强酸、强碱或尖锐物体，不要存放在潮湿的仓库中保管。

（9）安全带在使用两年后应抽验一次，频繁使用应经常进行外观检查，发现异常必须立即更换。定期或抽样试验用过的安全带，不准再继续使用。

3. 防护服

建筑施工现场作业人员应穿着工作服。焊工的工作服一般为白色，其他工种的工作服没有颜色的限制。

（1）防护服的分类

建筑施工现场的防护服主要有以下几类：

1）全身防护型工作服。

2）防毒工作服。

3）耐酸工作服。

4）耐火工作服。

5）隔热工作服。

6）通气冷却工作服。

7）通水冷却工作服。

8）防射线工作服。

9）劳动防护雨衣。

10）普通工作服。

（2）防护服的穿着

施工现场对作业人员防护服的穿着要求主要有：

1）作业人员作业时必须穿着工作服。

2）操作转动机械时，袖口必须扎紧。

3）从事特殊作业的人员必须穿着特殊作业防护服。

4）焊工工作服应是白色帆布制作。

4. 防护鞋

防护鞋的种类比较多，应根据作业场所和内容的不同选择使用。电力建设施工现场上常用的有绝缘鞋（靴）、焊接防护鞋、耐酸碱橡胶靴及皮安全鞋等。

对绝缘鞋（靴）的要求有：

（1）必须在规定的电压范围内使用。

（2）绝缘鞋（靴）胶料部分无破损，且每半年作一次预防性试验。

（3）在浸水、油、酸、碱等条件上不得作为辅助安全用具使用。

5. 防护手套

使用防护手套时，必须对工件、设备及作业情况进行分析之后，选择适当材料制作、操作方便的手套，方能起到保护作用。施工现场上常用的防护手套有下列几种：

（1）劳动保护手套。具有保护手和手臂的功能，作业人员工作时一般都使用这类手套。

（2）带电作业用绝缘手套。要根据电压选择适当的手套，检查表面有无裂痕、发黏、发脆等缺陷，如有异常禁止使用。

（3）耐酸、耐碱手套。主要用于接触酸和碱时戴的手套。

（4）橡胶耐油手套。主要用于接触矿物油、植物油及脂肪簇的各种溶剂作业时戴的手套。

（5）焊工手套。电、火焊工作业时戴的防护手套，应检查皮革或帆布表面有无僵硬、薄挡、洞眼等残缺现象，如有缺陷，不准使用。手套要有足够的长度，手腕部不能裸露在外边。

第二节　安全色与安全标志

安全色和安全标志是国家规定的两个传递安全信息的标准。尽管安全色和安全标志是一种消极的、被动的、防御性的安全警告装置，并不能消除、控制危险，不能取代其他防范安全生产事故的各种措施，但它们形象而醒目地向人们提供了禁止、警告、指令、提示等安全信息，对于预防安全生产事故的发生具有重要作用。

1. 安全色的概念

安全色，就是传递安全信息含义的颜色，包括红、蓝、黄、绿四种颜色。对比色，是使安全色更加醒目的反衬色，包括黑、白两种颜色。对比色要与安全色同时使用。

安全色适用于工业企业、交通运输、建筑、消防、仓库、医院及剧场等公共场所使用的信号和标志的表面色，不适用于灯光信号、航海、内河航运以及其他目的而使用的颜色。

2. 安全色的含义

安全色的红、蓝、黄、绿四种颜色，分别代表不同的含义。

（1）红色。表示禁止、停止、危险以及消防设备的意思。凡是禁止、停止、消防和有危险的器件或环境均应涂以红色的标记作为警示的信号。

（2）蓝色。表示指令，要求人们必须遵守的规定。

（3）黄色。表示提醒人们注意。凡是警告人们注意的器件、设备及环境都应以黄色表示。

（4）绿色。表示给人们提供允许、安全的信息。

（5）对比色与安全色同时使用。

（6）安全色与对比色的相间条纹：

红色与白色相间条纹——表示禁止人们进入危险环境。

黄色与黑色相间条纹——表示提示人们特别注意的意思。

蓝色和白色相间条纹——表示必须遵守规定的意思。

绿色和白色相间条纹——与提示标志牌同时使用，更为醒目地提示人们。

3. 安全色的使用

安全色的使用范围很广，可以使用在安全标志上，也可以直接使用在机械设备上；可以在室内使用，也可以在户外使用。如红色的，各种禁止标志；黄色的，各种警告标志；蓝色的，各种指令标志；绿色的，各种提示标志等。

安全色有规定的颜色范围，超出范围就不符合安全色的要求。颜色范围所规定的安全色是最不容易互相混淆的颜色。对比色是为了使安全色更加醒目而采用的反衬色，它的作用是提高物体颜色的对比度。

4. 安全标志的概念

安全标志是用以表达特定安全信息的标志，由图形符号、安全色、几何图形（边框）或文字构成。

安全标志适用于工矿企业、建筑工地、厂内运输和其他有必要提醒人们注意安全的场所。使用安全标志，能够引起人们对不安全因素的注意，从而达到预防事故、保证安全的目的。但是，安全标志的使用只是起到提示、提醒的作用，它不能代替安全操作规程，也不能代替其他的安全防护措施。

5. 安全标志的种类

安全标志分禁止标志、警告标志、指令标志和提示标志四大类型。

（1）禁止标志。禁止标志的含义是禁止人们不安全行为的图形标志。其基本形式是带斜杠的圆边框，采用红色作为安全色。

（2）警告标志。警告标志的基本含义是提醒人们对周围环境引起注意，以避免可能发生危险的图形标志。其基本形式是正三角形边框，采用黄色作为安全色。

（3）指令标志。指令标志的含义是强制人们必须做出某种动作或采用防范措施的图形标志。其基本形式是圆形边框，采用蓝色作为安全色。

（4）提示标志。提示标志的含义是向人们提供某种信息（如标明安全设施或场所等）的图形标志。其基本形式是正方形边框，采用绿色作为安全色。

第三节　高处作业安全知识

1. 高处作业的基本概念

凡在坠落高度基准面 2m 及以上，有可能坠落的高处进行的作业，均称为高处作业。

2. 建筑施工高处作业常见形式及安全措施

（1）临边作业

临边作业是指在工作面边沿无围护或围护设施高度低于 800mm 的高处作业，包括楼板边、楼梯段边、屋面边、阳台边及各类坑、沟、槽等边沿的高处作业。

1）进行临边作业时，应在临空一侧设置防护栏杆，并应采用密目式安全立网或工具式栏板封闭。

2）分层施工的楼梯口、楼梯平台和梯段边，应安装防护栏杆；外设楼梯口、楼梯平台和梯段边还应采用密目式安全立网封闭。

3）建筑物外围边沿处，应采用密目式安全立网进行全封闭，有外脚手架的工程，密目式安全立网应设置在脚手架外侧立杆上，并与脚手杆紧密连接；没有外脚手架的工程，应采用密目式安全立网将临边全封闭。

4）施工升降机、龙门架和井架物料提升机等各类垂直运输设备设施与建筑物间设置的通道平台两侧边，应设置防护栏杆、挡脚板，并应采用密目式安全立网或工具式栏板封闭。

5）各类垂直运输接料平台口应设置高度不低于 1.80m 的楼层防护门，并应设置防外开装置；多笼井架物料提升机通道中间，应分别设置隔离设施。

（2）洞口作业

洞口作业是指在地面、楼面、屋面和墙面等有可能使人和物料坠落，其坠落高度大于或等于2m的洞口处的高处作业。

在洞口作业时，应采取防坠落措施，并应符合下列规定：

1）当垂直洞口短边边长小于500mm时，应采取封堵措施；当垂直洞口短边边长大于或等于500mm时，应在临空一侧设置高度不小于1.2m的防护栏杆，并应采用密目式安全立网或工具式栏板封闭，设置挡脚板。

2）当非垂直洞口短边尺寸为25～500mm时，应采用承载力满足使用要求的盖板覆盖，盖板四周搁置应均衡，且应防止盖板移位。

3）当非垂直洞口短边边长为500～1500mm时，应采用专项设计盖板覆盖，并应采取固定措施。

4）当非垂直洞口短边长大于或等于1500mm时，应在洞口作业侧设置高度不小于1.2m的防护栏杆，并应采用密目式安全立网或工具式栏板封闭；洞口应采用安全平网封闭。

5）电梯井口应设置防护门，其高度不应小于1.5m，防护门底端距地面高度不应大于50mm，并应设置挡脚板。

6）在进入电梯安装施工工序之前，同时井道内应每隔10m且不大于2层加设一道水平安全网。电梯井内的施工层上部，应设置隔离防护设施。

7）施工现场通道附近的洞口、坑、沟、槽、高处临边等危险作业处，除应悬挂安全警示标志外，夜间应设灯光警示。

8）边长不大于500mm洞口所加盖板，应能承受不小于1.1kN/m^{2}的荷载。

9）墙面等处落地的竖向洞口、窗台高度低于800mm的竖向洞口及框架结构在浇筑完混凝土没有砌筑墙体时的洞口，应按临边防护要求设置防护栏杆。

（3）攀登作业

攀登作业是指借助登高用具或登高设施进行的高处作业。攀登作业应注意以下事项：

1）攀登的用具，结构构造上必须牢固可靠。

2）梯子底部应坚实，并有防滑措施，不得垫高使用，梯子的上端应有固定措施。

3）单梯不得垫高使用，使用时应与水平面成 75°夹角，踏步不得缺失，其间距宜为 300mm。当梯子需接长使用时，应有可靠的连接措施，接头不得超过 1 处。连接后梯梁的强度，不应低于单梯梯梁的强度。

4）固定式直爬梯应用金属材料制成。使用直爬梯进行攀登作业时，攀登高度以 5m 为宜，超过 8m 时，应设置梯间平台。

5）上下梯子时，必须面向梯子，且不得手持器物。

（4）交叉作业

交叉作业是指垂直空间贯通状态下，可能造成人员或物体坠落，并处于坠落半径范围内、上下左右不同层面的立体作业。交叉作业时应注意以下事项：

1）各工种进行上下立体交叉作业时，不得在同一垂直方向上操作。下层作业的位置，必须处于依上层高度确定的可能坠落的半径范围之外，不符合以上条件时，应设安全防护棚。

2）钢模板、脚手架拆除时，下方不得有人施工。

3）模板拆除后，临边堆放处离楼层边沿不应小于 1m，堆放高度不得超过 1m，楼层边口、通道口、脚手架边缘等处，严禁堆放任何物件。

4）结构施工自 2 层起，凡人员进出的通道口（包括井架、施工电梯的进出通道口），均应搭设双层防护棚。

5）在建建筑物旁或在塔机吊臂回转半径范围之内的主要通道、临时设施、钢筋、木工作业区等必须搭设双层防护棚。

第五章　施工现场消防基本知识

第一节　施工现场消防知识
概述及常用消防器材

1. 施工现场消防知识概述

我国消防工作实行预防为主、消防结合的方针。按照政府统一领导、部门依法监管、单位全面负责、公民积极参与的原则，实行消防安全责任制，建立健全社会化的消防工作网络。

建设工程施工现场的防火，必须遵循国家有关方针、政策，针对不同施工现场的火灾特点，立足自防自救，采取可靠防火措施，做到安全可靠、经济合理、方便适用。

燃烧的发生必须具备三个条件，即：可燃物、助燃物和着火源。因此，制止火灾发生的基本措施包括：

（1）控制可燃物，以难燃或不燃的材料代替易燃或可燃的。

（2）隔绝空气，使用易燃物质的生产应在密闭的设备中进行。

（3）消除着火源。

（4）阻止火势蔓延，在建筑物之间筑防火墙，设防火间距，防止火灾扩大。

2. 建筑施工现场消防器材的配置和使用

（1）在建工程及临时用房的下列场所应配置灭火器：

1）易燃易爆危险品存放及使用场所。

2）动火作业场所。

3）可燃材料存放、加工及使用场所。

4）厨房操作间、锅炉房、发电机房、变配电房、设备用房、办公用房、宿舍等临时用房。

5）其他具有火灾危险的场所。

（2）建筑施工现场常用灭火器及使用方法

1）泡沫灭火器。药剂：筒内装有碳酸氢钠、发沫剂、硫酸铝溶液。用途：适用于扑救油脂类、石油产品及一般固体初起的火灾；不适用于扑救忌水化学品和电气火灾。使用方法：手指堵住喷嘴，将筒体上下颠倒2次，打开开关，药剂即喷出。

2）干粉灭火器。药剂：钢筒内装有钾盐或钠盐粉，并备有盛装压缩气体的小钢瓶。用途：适用于扑救石油及其产品、可燃气体和电气设备初起的火灾。使用方法：提起筒，拔掉保险销环，干粉即可喷出。

3）二氧化碳灭火器。药剂：瓶内装有压缩或液态的二氧化碳。用途：主要适用于扑救贵重设备、档案资料、仪器仪表、600V以下的电器及油脂等火灾；禁止使用二氧化碳灭火器灭火的物品有，遇有燃烧物品中的锂、钠、钾、铯、锶、镁、铝粉等。使用方法：拔掉安全销，一手拿好喇叭筒对着火源，另一手压紧压把打开开关即可。

4）酸碱灭火器。用途：主要适用于扑救竹、木、棉、毛、草、纸等一般初起火灾，但对忌水的化学物品、电气、油类不宜用。

（3）消火栓、消防水带、消防水枪

消火栓按安装区域分为室内、室外消火栓两种；按安装位置分为地上式与地下式消火栓两种；按消防介质分为有水和泡沫消火栓两种。消火栓应在任意时刻均处于工作状态。

1）消防水带应配相对口径的水带接口方能使用。水带接口装置于水带两端，用于水带与水带、消火栓或水枪之间的连接，以便进行输水或水和泡沫混合液，其接口为内扣式。

2）水枪是装在水带接口上，起射水作用的专用部件。各种水枪的接口形式均为内扣式。

3）消火栓的开关位置在其顶部，必须用专用扳手操作，其顶盖上有开关标志符。

使用时应先安好消防水带，之后打开消火栓上封盖把水带固定好，然后再打开消火栓。在使用消火栓灭火时，必须两人以上操作，当水带充满水后，一人拿枪，一人配合移动消防水带。

第二节　施工现场消防管理制度及相关规定

施工现场的消防安全由施工单位负责。实行施工总承包的，应由总承包单位负责。分包单位向总承包单位负责，并应服从总承包单位的管理，同时应承担国家法律、法规规定的消防责任和义务。施工现场建立消防管理制度，落实消防责任制和责任人员，建立义务消防队，定期对有关人员进行消防教育，落实消防措施。

1. 施工现场消防管理制度

（1）施工单位应编制施工现场灭火及应急疏散预案。灭火及应急疏散预案应包括下列主要内容：

1）应急灭火处置机构及各级人员应急处置职责。

2）报警、接警处置的程序和通信联络的方式。

3）扑救初起火灾的程序和措施。

4）应急疏散及救援的程序和措施。

（2）施工人员进场时，施工现场的消防安全管理人员应向施工人员进行消防安全教育和培训。消防安全教育和培训应包括下列内容：

1）施工现场消防安全管理制度、防火技术方案、灭火及应急疏散预案的主要内容。

2）施工现场临时消防设施的性能及使用、维护方法。

3）扑灭初起火灾及自救逃生的知识和技能。

4）报警、接警的程序和方法。

（3）施工作业前，施工现场的施工管理人员应向作业人员进行消防安全技术交底。消防安全技术交底应包括下列主要内容：

1）施工过程中可能发生火灾的部位或环节。

2）施工过程应采取的防火措施及应配备的临时消防设施。

3）初起火灾的扑救方法及注意事项。

4）逃生方法及路线。

（4）施工过程中，施工现场的消防安全负责人应定期组织消防安全管理人员对施工现场的消防安全进行检查。消防安全检查应包括下列主要内容：

1）可燃物及易燃易爆危险品的管理是否落实。

2）动火作业的防火措施是否落实。

3）用火、用电、用气是否存在违章操作，电、气焊及保温防水施工是否执行操作规程。

4）临时消防设施是否完好有效。

5）临时消防车道及临时疏散设施是否畅通。

2. 施工现场消防管理规定

（1）施工现场动火作业

1）动火作业应办理动火许可证，动火许可证的签发人收到动火申请后，应前往现场查验并确认动火作业的防火措施落实后，再签发动火许可证。

2）动火操作人员应具有相应资格。

3）焊接、切割、烘烤或加热等动火作业前，应对作业现场的可燃物进行清理；作业现场及其附近无法移走的可燃物应采用不燃材料覆盖或隔离。

4）施工作业安排时，宜将动火作业安排在使用可燃建筑材料施工作业之前进行，确需在可燃建筑材料施工作业之后进行动火作业的，应采取可靠的防火保护措施。

5）裸露的可燃材料上严禁直接进行动火作业。

6）焊接、切割、烘烤或加热等动火作业应配备灭火器材，并应设置动火监护人进行现场监护，每个动火作业点均应设置1个监护人。

7）五级（含五级）以上风力时，应停止焊接、切割等室外动火作业，确需动火作业时，应采取可靠的挡风措施。

8）动火作业后，应对现场进行检查，并应在确认无火灾危险后，动火操作人员再离开。

（2）施工现场用电

1）电气线路应具有相应的绝缘强度和机械强度，禁止使用绝缘老化或失去绝缘性能的电气线路，严禁在电气线路上悬挂物品。破损、烧焦的插座、插头应及时更换。

2）电气设备与可燃、易燃易爆和腐蚀性物品应保持一定的安全距离。

3）距配电盘 2m 范围内不得堆放可燃物，5m 范围内不应设置可能产生较多易燃、易爆气体、粉尘的作业区。

4）可燃库房不应使用高热灯具，易燃易爆危险品库房内应使用防爆灯具。

5）电气设备不应超负荷运行或带故障使用。

（3）施工现场用气

1）储装气体罐瓶及其附件应合格、完好和有效；严禁使用减压器及其他附件缺损的氧气瓶，严禁使用乙炔专用减压器、回火防止器及其他附件缺损的乙炔瓶。

2）气瓶应保持直立状态，并采取防倾倒措施，乙炔瓶严禁横躺卧放。

3）严禁碰撞、敲打、抛掷、溜坡或滚动气瓶。

4）气瓶应远离火源，与火源的距离不应小于 10m，并应采取避免高温和防止暴晒的措施。

5）气瓶应分类储存，库房内应通风良好；空瓶和实瓶同库存放时，应分开放置，两者间距不应小于 1.5m。

6）瓶装气体使用前，应检查气瓶及气瓶附件的完好性，检查连接气路的气密性，并采取避免气体泄漏的措施，严禁使用已老化的橡皮气管。

7）氧气瓶与乙炔瓶的工作间距不应小于 5m，气瓶与明火作业点的距离不应小于 10m。

8）冬季使用气瓶，气瓶的瓶阀、减压阀等发生冻结时，严禁用火烘烤或用铁器敲击瓶阀，严禁猛拧减压器的调节螺栓。

9）氧气瓶内剩余气体的压力不应小于 0.1MPa，气瓶用后应及时归库。

第六章　施工现场应急救援基本知识

第一节　生产安全事故应急
救援预案管理相关知识

1. 生产安全事故应急救援预案的概念

生产安全事故应急救援预案是为了有效预防和控制可能发生的事故，最大限度减少事故及其损害而预先制定的工作方案。它是事先采取的防范措施，将可能发生的等级事故损失和不利影响减少到最低的有效方法。

2. 建筑施工企业生产安全事故应急救援预案的管理

施工单位的应急救援预案应经专家评审或者论证后，由企业主要负责人签署发布。施工项目部的安全事故应急救援预案在编制完成后报施工企业审批。

建筑工程施工期间，施工单位应当将生产安全事故应急救援预案在施工现场显著位置公示，并组织开展本单位的应急救援预案培训交底活动，使有关人员了解应急救援预案的内容，熟悉应急救援职责、应急救援程序和岗位应急救援处置方案。

建筑施工单位应当制定本单位的应急预案演练计划，根据本单位的事故预防重点，每年至少组织一次综合应急预案演练或者专项应急预案演练，每半年至少组织一次现场处置方案演练。

第二节　现场急救基本知识

1. 施工现场应急救护要点

（1）对骨伤人员的救护

1）不能随便搬动伤者，以免不正确的搬动（或移动）给伤者带来二次伤害。例如凡是胸、腰椎骨折者，头、颈部外伤者，不能任意搬动，尤其不能屈曲。

2）在需要搬动时，用硬板固定受伤部位后方可搬动。

3）用担架搬运时，要使伤员头部向后，以便后面抬担架的人可以随时观察其伤情变化。

（2）对眼睛伤害人员的救护

1）眼有异物时，千万不要自行用力眨眼睛，应通过药水、泪水、清水冲洗，仍不能把异物冲掉时，才能扒开眼睑，仔细小心清除眼里异物，如仍无法清除异物或伤势较重时，应立即到医院治疗。

2）当化学物质（如砌筑用的石灰膏）进入眼内，立即用大量的清水冲洗。冲洗时要扒开眼睑，使水能直接冲洗眼睛，要反复冲洗，时间至少 15min 以上。在无人协助的情况下，可用一盆水，双眼浸入水中，用手分开眼睑，做睁眼、闭眼、转动并立即到医院做必要的检查和治疗。

（3）心肺复苏术

心肺复苏术，是在建筑工地现场对呼吸心博骤停病人给予呼吸和循环支持所采取的急救，急救措施如下：

1）畅通气道：托起患者的下颌，使病人的头向后仰，如口中有异物，应先将异物排除。

2）口对口人工呼吸：捏闭病人的鼻孔，深吸气后先连续快速向病人口内吹气 4 次，吹气频率以每分钟 2～16 次。如遇特殊情况（牙关紧闭或外伤），可采用口对鼻人工呼吸。

3）胸外心脏按压：双手放在病人胸骨的下 1/3 段（剑突上

两根指），有节奏地垂直向下按压胸骨干段，成人按压的深度为胸骨下陷4～5cm为宜。一般按压15次，吹气2次。

4）胸外心脏按压和口对口吹气需要交替进行。最好有两个人同时参加急救，其中一个人作口对口吹气。

（4）外伤常用止血方法

1）一般止血法：凡出血较少的伤口，可在清洗伤口后盖上一块消毒纱布，并用绷带或胶布固定即可。

2）指压止血法：可用干净的布（没有布可以用手）直接按压伤口，直到不出血为止。

3）加压包扎止血法：用纱布、棉花等垫放在伤口上，用较大的力进行包扎，并尽量抬高受伤部位。加压时力量也不可过大或扎得过紧，如以免引起受伤部位局部缺血造成坏死。

2. 建筑施工现场主要事故类型及救援常识

（1）触电事故及救援常识

1）发现有人触电时，不要直接用手去拖拉触电者，应首先迅速拉电闸断电，现场无电闸时，使用木方等不导电的材料或用干衣服包严双手，将触电者拖离电源。

2）根据触电者的状况进行现场人工急救（如心肺复苏），并迅速向工地负责人报告或报警。

（2）火灾事故及救援常识

1）最早发现者应立即大声呼救，并根据情况立即采取正确方法灭火。当判断火势无法控制时，要迅速报警并向有关人员报告。

2）根据火灾的影响范围，迅速把无关人员疏散到指定的消防安全区。作业区发生火灾时，可采用建筑物内楼梯、外脚手架上下梯、离火灾现场较远的外施工电梯等疏散人员。不得使用离火灾现场较近的外施工电梯，严禁使用室内电梯疏散人员。

3）当火势无法控制时，要及时采取隔离火源措施，及时搬出附近的易燃易爆物以及贵重物品，防止火势蔓延到有易燃易爆物品或存放贵重物品的地点。当有可能发生气瓶爆炸或火势已无法控制且危及人员生命安全时，迅速将救火人员撤离到安全地方，等待专职消防队救援或采取其他必要措施。

4）火灾逃生自救知识原则

如果发现火势无法控制，应保持镇静，判断危险地点和安全地点，决定逃生方法和路线，尽快撤离危险地。

通过浓烟区逃生时，如无防毒面具等护具，可用湿毛巾等捂住口鼻，并尽可能贴近地面，以匍匐姿势快速前进，如有条件可向头部、身上浇冷水或用湿毛巾、湿棉被、湿毯子等将头、身裹好再冲出去。

（3）易燃易爆气体泄漏事故应急常识

1）最早发现者应立即大声呼救，并向有关人员报告或报警。根据情况立即采取正确方法施救，如尝试采取关闭阀门、堵漏洞等措施截断、控制泄漏，若无法控制，应迅速撤离。

2）在气体泄漏区内严禁使用手机、电话或启动电气设备，并禁止一切产生明火或火花的行为。

3）疏散无关人员，迅速远离危险区域，治安保卫人员要迅速建立禁区，严禁无关人员进入。同时停止附近的作业。

4）在未有安全保障措施的情况下，不要盲目行动，应等待公安消防队或其他专业救援队伍处理。

（4）发现坍塌预兆或坍塌事故应急常识

1）发现坍塌预兆时，发现者应立即大声呼唤，停止作业，迅速疏散人员撤离现场，并向项目部报告。待险情排除，并得到有关人员同意后，方可重新进入现场作业。

2）当事故发生后，发现者应立即大声呼救，同时向有关人员报告或报警。项目部根据情况立即采取措施组织抢救，同时向上级部门报告。

3）迅速判断事故发展状态和现场情况，采取正确应急控制措施，判断清楚被掩埋人员位置，立即组织人员全力挖掘抢救。

4）在救护过程中要防止二次坍塌伤人，必要时先对危险的地方采取一定的加固措施。

5）按照有关救护知识，立即救护抢救出来的伤员，在等待医生救治或送往医院抢救过程中，不要停止和放弃施救。

（5）有毒气体中毒事故应急常识

1）最早发现者应立即大声呼救，向有关人员报告或报警，如原因明确应立即采取正确方法施救，但决不可盲目救助。

2）迅速查明事故原因和判断事故发展状态，采取正确方法施救。

如中毒事故必须先通风或戴好防毒面具方可救人；如缺氧，则要戴好有供氧的防毒面具才可救人。

3）救出伤员后按照有关救护知识，立即救护伤员，在等待医生救治或送往医院抢救过程中，不要停止和放弃施救，如采用人工呼吸，或输氧急救等。

4）现场不具备抢救条件时，立即向社会求救。

（6）高处坠落伤害急救常识

1）坠落在地的伤员，应初步检查伤情，不得随意搬动。

2）立即呼叫"120"急救医生前来救治。

3）采取初步急救措施：止血、包扎、固定。

4）注意固定颈部、胸腰部脊椎，搬运时保持动作一致平稳，避免伤员脊柱弯曲扭动加重伤情。

3. 施工现场报警注意事项

（1）按工地写出的报警电话，进行报警。

（2）报告事故类型。说明伤情（病情、火情、案情）等，以便救护人员事先做好急救的准备。如火灾报警时要尽量说明燃烧或爆炸物质、燃烧程度、人员伤亡、发生火灾楼层等情况。

（3）说明单位（或事故地）的电话或手机号码，以便救护车（消防车、警车）随时用电话通信联系。

（4）可用几部电话或手机，由数人同时向有关救援单位报警求救，以便各种救援单位都能以最快的速度到达事故现场。

第二部分　专业基础知识

第七章　起重吊装与机械基础知识

第一节　起重吊装基础知识

1. 吊具与索具的一般规定

（1）吊具与索具必须购置由专业厂家按国家标准规定生产、检验、具有合格证或质保书的产品。

（2）吊具与索具应与吊重种类、吊运具体要求以及环境条件相适应。

（3）作业前应对吊具与索具进行检查，确认完好后方可投入使用。

（4）吊挂前，应确认重物上设置的起重吊挂连接处是否牢固可靠；提升作业前应确认绑扎、吊挂是否可靠。

（5）吊具承载不得超过其额定起重量，吊索承载不得超过其安全工作荷载。

（6）吊钩的吊点，应与吊重重心在同一铅垂线上，使吊重处于稳定平衡状态。

2. 吊钩

吊钩应有制造单位的合格证等技术证明文件，方可投入使用。检验合格的吊钩，应在低应力区做出额定起重量标记。吊钩应设有防止吊索或吊具非人为脱出的装置。吊钩严禁补焊，有下列情形之一的应报废：

（1）表面有裂纹。

（2）挂绳处截面磨损量超过原高度的 10％。

（3）钩尾和螺纹部分等危险截面有永久变形。

（4）开口度比原尺寸增加 15％。

（5）芯轴磨损量超过其直径的 5％。

（6）钩身的扭转角超过 10°。

3. 绑扎安全要求

（1）用于绑扎的钢丝绳吊索不得用插接、打结或绳卡固定连接的方法缩短或加长。

（2）采用穿套结索法时，应选用足够长的吊索，以确保挡套处角度不超过 120°，且在挡套处不得向下施加损坏吊索的压紧力。

（3）吊索绕过吊重的曲率半径应不小于该绳绳径的 2 倍。

（4）绑扎吊运大型或薄壁物件时，应采取加固措施。

（5）不得损坏吊重与吊具、索具，必要时应在吊重与吊具、索具间加保护衬垫。

第二节　机械基础知识

建筑机械，主要由动力机构、传动机构、电气控制、安全装置及工作机构组成。

机械传动装置的主要功用是将一根轴的旋转运动和动力传给另一根轴，并且可以改变转速的大小和转动的方向。机械传动装置常用的传动形式有带传动、齿轮传动和钢丝绳传动等。

1. 机械传动装置常用传动形式的特点及失效形式、使用与维护

（1）带传动

建筑机械中的混凝土搅拌机、砂浆搅拌机、卷扬机、水泵、机动翻斗车、蛙式打夯机等，大都有带传动，在带传动机构中 V 型传动带使用比较普遍。带传动的特点是：中心距变化范围广、结构简单、传动平稳、可以缓冲、成本低。带传动一般用于传动的第一级（高速级），因转速高，离心力大，所以必须使用牢固的金属防护罩封闭，防止发生伤人事故。

1）带传动的失效形式

① 打滑。由于过载，带在带轮上打滑而不能正常转动。

② 带的疲劳破坏。带在变应力条件下工作，当应力的循环次数达到一定值时，带将发生损坏，如脱层、撕裂和拉断。

2）带传动的使用与维护

① 安装 V 型传动带前应减小两带轮中心距，然后再进行调紧，不得强行撬入。工作时，带轮轴线应相互平行，各带轮相对应的 V 型槽的对称平面应重合，误差不得超过 20°。

② 传动带不宜与酸、碱、矿物油等介质接触，也不宜在阳光下曝晒，以防传动带迅速老化变质，降低使用寿命。

③ 定期检查传动带。如有一根损坏，应全部换新带，不能新旧带混合使用，否则会引起受力不均而加速新带的损坏。

④ 为了保证安全生产，带传动要安装防护罩。

（2）齿轮传动

齿轮传动是利用两齿轮的轮齿相互啮合传递动力和运动的装置。

齿轮传动应用广泛，它的优点是结构紧凑、效率高、寿命长、传动准确等；它的缺点是制造、安装精度要求较高。齿轮传动有开式、半开式、闭式三种。开式齿轮传动多用于低速、不重要的场合，半开式传动多用于中速、一般性的场合，闭式传动多用于高速、重要的场合。建筑起重机械一般采用闭式传动。安全管理规定中一般有轮必有罩、有轴必有套，以防机械伤害事故的发生。

1）齿轮传动的失效形式

① 齿面磨损

对于开式齿轮传动或含有不清洁的润滑油的闭式齿轮传动，由于啮合齿面间的相对滑动，使一些较硬的磨粒进入了摩擦表面，从而使齿廓改变，侧隙加大，以至于齿轮过度减薄导致齿断。一般情况下，只有在润滑油中夹杂磨粒时，才会在运行中引起齿面磨粒磨损。

② 齿面胶合

对于高速重载的齿轮传动中，因齿面间的摩擦力较大，相对速度大，致使啮合区温度过高，一旦润滑条件不良，齿面间的油膜便会消失，使得两轮齿的金属表面直接接触，从而发生相互粘结。当两齿面继续相对运动时，较硬的齿面将较软的齿面上的部分材料沿滑动方向撕下而形成沟纹。

③ 疲劳点蚀

相互啮合的两齿轮接触时，齿面间的作用力和反作用力使两工作表面上产生接触应力，由于啮合点的位置是变化的，且齿轮做的是周期性的运动，所以接触应力是按脉动循环变化的。齿面长时间在这种交变接触应力作用下，在齿面的刀痕处会出现小的裂纹，随着时间的推移，这种裂纹逐渐在表层横向扩展，裂纹形成环状后，使轮齿的表面产生微小面积的剥落而形成一些疲劳浅坑。

④ 齿轮折断

在运行工程中承受荷载的齿轮，如同悬臂梁，其根部受到脉冲的周期性应力超过齿轮材料的疲劳极限时，会在根部产生裂纹，并逐步扩展，当剩余部分无法承受传动荷载时就会发生断齿现象。齿轮由于工作中严重的冲击、偏载以及材质不均匀也可能引起断齿。

⑤ 齿面塑性变形

在冲击荷载或重载下，齿面易产生局部的塑性变形，从而使渐开线齿廓的曲面发生变形。

2）齿轮传动的使用与维护

① 保持齿轮箱传动系统内部清洁

传动系统内部的清洁是保证齿轮正常运转的基本条件，任何杂质污物的进入都将影响并损伤齿轮传动系统，损坏传动系统。

② 保持齿轮箱系统正常的工作温度

保证传动系统正常的工作温度，防止系统因过大的温升产生变形，非正常啮合，导致齿轮损伤，影响精度。

③ 保持齿轮箱及时润滑和正确使用油品

对润滑油脂的正确使用和选择，可保证系统安全有效运行，稳定噪声等级。

④ 保持齿轮箱对齿轮运动系统的正确使用

按照系统正常操作顺序使用，可以最大限度地避免系统的损伤及损坏。

⑤ 定期维护与保养

定期的维护与保养（换油，更换已磨损零部件，紧固件松动部件，清除系统内部杂物，调整各部件间隙至标准规定值，检定各项几何精度指标等）可以提高系统抵抗噪声等级劣化能力，维持系统状态稳定。

（3）钢丝绳传动

中小型机械中也有使用钢丝绳作为传动系统的。如：混凝土搅拌机、砂浆搅拌机上料斗的传动。选用的钢丝绳应规格合适，并按照磨损和断丝的规定及时更换钢丝绳。

1）钢丝绳传动的失效形式

① 钢丝绳连接失效。

② 钢丝绳断裂。

③ 钢丝绳锈蚀。

2）钢丝绳传动的使用与维护

① 经过试验的钢丝绳，贮存期不得超过六个月（用于摩擦轮式提升机的除外），升降人员或升降人员和物料用的钢丝绳自悬挂时起，每隔六个月试验一次；有腐蚀气体的矿山，每隔三个月试验一次。升降物料用的钢丝绳自悬挂时起，第一次试验的间隔时间为一年，以后每隔六个月试验一次。悬挂吊盘用的钢丝绳自悬挂时起，每隔一年试验一次。

② 钢丝绳应满足安全规程规定的卷筒直径与钢丝绳直径的比值要求，以控制其弯曲疲劳应力。

③ 钢丝绳在卷筒上排列要整齐，运行时要保持平稳，不跳动，不咬绳。

④ 钢丝绳在使用过程中应注意润滑，应定期对钢丝绳涂油。润滑钢丝绳用油要求黏稠性能好，振动、淋水冲不掉，最好采用专用的钢丝绳油。

⑤ 对钢丝绳应定期进行斩头，因为绳头部分的钢丝绳损坏较为严重。同时也要适时调头，增加钢丝绳的使用寿命。其斩头和调头的期限，应根据各单位不同使用条件和钢丝绳损坏情况而确定。

⑥ 钢丝绳应尽量减少淋水，保持干燥，以避免钢丝绳被锈蚀。

2. 机械传动装置的连接形式

机械传动装置都是由零部件组成的，零部件之间的连接方式是各种各样的。根据零部件的受力、运动等状况采用不同的连接方式，不同的连接方式有不同的特点。常用的机械传动装置连接有螺纹连接、销连接、键连接、铆连接、焊接连接。

（1）螺纹连接

螺纹连接的特点是靠螺纹螺牙表面摩擦产生的紧固作用将零部件组装成机器。

1）螺纹连接的分类

螺纹按形状分为三角形螺纹、矩形螺纹和锯齿形螺纹。

螺纹按旋绕方向，可分为左旋螺纹和右旋螺纹；按螺纹的头数分为单头、双头、三头及多头螺纹。连接用的螺纹为了能保证可靠的自锁能力，常采用单头螺纹；传动用的螺纹为保证传动效率高，则常用双头、三头及多头螺纹，但由于其制造困难，故在实际工作中极少采用。

2）螺纹连接件的主要类型

螺纹连接件有螺栓、双头螺栓、螺钉、螺母及垫圈等。

① 螺栓

螺栓的应用广泛，它的一端有头，另一端有螺纹。连接时螺栓穿过被连接的孔（孔中无螺纹）与螺母配合使用。

将设备的机座或机架固定到基础上的螺栓称为地脚螺栓。它的一端带弯成钩埋入基础中，另一端是螺纹。

② 双头螺栓

双头螺栓没钉头，两端都有螺纹。它通常用于厚度较大、需经常拆卸的连接。

③ 螺钉

不用螺母而直接把螺纹部分拧在零件上的螺纹孔中的螺纹零件称为螺钉。螺钉头部可以制成适合扳手或改锥的形状；杆部全长或部分有螺纹，末端有平面、圆柱面、锥面等形状。另外，环首螺钉装在机器的顶盖或外壳上，以便起吊机器使用（例如电动机上的螺钉）。

④ 螺母与垫圈

所有螺栓和双头螺栓都需要和螺母配合使用，六角螺母用得最多。垫圈的用途是保护被连接件的表面不被擦伤，增大螺母与连接件的接触面积，以及遮盖被连接件不平整的表面。

3）常用的防松装置

防松装置的结构形式很多，按防松原理不同可分为两类：

① 利用摩擦力的防松装置

弹簧垫圈：通常用 65Mn 钢制成，经淬火后富有弹性，其结构简单、使用方便，在普通机械中广泛采用。

双螺母：是指在螺栓上拧两个螺母。其防松效果一般，而且还增加了连接件的外廓尺寸和重量，现较少使用。

② 利用机械方法的防松装置

利用机械方法的防松装置是用机械装置把螺母和螺栓连成一体，防止它们之间相对转动，因此该方法最为可靠。常用的形式有：开口销、止退垫圈及带翅垫圈。开口销拆装方便、可靠，常用于高转速机器上。止退垫圈和带翅垫圈多用于滚动轴承组合上。这几种方法在使用时都要先将螺母螺栓开槽或打孔。

（2）销连接

销连接（亦称销钉连接）的作用：一是连接机件，例如手轮、手柄、小齿轮、曲柄与轴之间的连接；二是机件间的定位，目的是保证不发生错移，以及拆下来之后能够再装到原位。根据销的作用将销分为销钉和销轴。

（3）键连接

键连接主要用于轴和带毂零件（如齿轮、带轮、联轴节等）之间的周向固定，将轴的扭矩传递到轮毂上。带有1∶100的斜度的键俗称楔。键连接属于可拆连接，具有结构简单、工艺可靠和拆装方便等特点，所以它的应用范围很广泛。

（4）铆连接

铆连接是指将两块或三块金属板用铆钉连成一体的连接方式。铆连接可分为冷铆连接和热铆连接。

铆接一般很费时、费料，故常被焊接代替。

（5）焊接连接

焊接是应用热量把材料加热至熔态或糊态，采用焊剂或不用焊剂把材料结合起来的连接方法。

1）乙炔氧焊连接（火焊）

乙炔和氧混合的火焰温度达3200℃，高温将焊件局部加热，将金属融化成为一体。焊接的优点是：设备简单，可移动，节约材料，成本低；焊接的厚度和强度也可以控制。火焊连接是应用范围较广的一种连接方法，但它的缺点是不可拆的连接，而且会造成零件因局部过热而产生变形，甚至破裂；并且有些零件因受高温加热使其金属结构变化而改变原来的性能。

2）电焊连接

电焊连接是利用焊条和被焊工件之间产生的电弧或在电焊条和工件接触点上因接触电阻很大而产生很大的热量，熔化了工件和焊条，将工件连接起来。

火焊与电焊既可焊接零件和板件，也可用来切割金属。若精度和表面光洁度要求不高时，气割法和电割法比较经济。

第三节　力学基础知识

1. 力和力的单位

力就是一个物体对另一个物体的作用，这种作用使物体的运动状态发生改变或者使物体的形状发生改变。例如，人推车的力使车子改变它的运动状态（由静到动，由慢到快），锻锤对锻件的冲击力使锻件改变形状等。

力使物体运动状态发生改变的效应称为力的外效应，而力使物体产生变形的效应称为力的内效应。

实践表明，力对物体的效应决定于三个要素：力的大小、方向、作用点。

力的作用点就是力对物体作用的位置。如吊运重物的吊点就是力的作用点，选择吊装构件的吊点就是选择力的作用点。

在国际单位制中，力的单位是牛顿（N）。

2. 力的平衡与重心的确定

（1）力的平衡

在两个或两个以上力的作用下，物体保持不动（合力为零，且力作用于同一个物体上），这种现象叫做力的平衡。

在起重吊装作业中，保持力的平衡是保证安全生产的关键，是安全技术的重要问题。在重物起吊过程中，只有被吊构件上的力保持平衡或匀速运动状态，才能保持其稳定，以防止因为力的不平衡造成被吊运的物体翻转、倾覆、失控，这就必须要根据设备、构件的重心来选择适当的吊点位置。

（2）重心的确定

每台设备和有固定形状的物体都是由很多质点组成的，每个质点都受到竖直向下的重力作用，这些力可以认为是彼此平行的。因此，任何设备、构件都受到很多平行力。所有质点重力的合力就是设备、构件的重量，而这个合力的作用点就叫做设备、构件的重心。

材料均匀、形状规则的物体的重心，如均匀的直棒，它的重心在它的中点；均匀圆板的重心在它的圆心；均匀球体的重心在它的球心；直圆柱的重心在它的圆柱轴线的中点上；三角形钢板（设材料质点分布均匀）的重心在三条中线的交点上；均匀的平行四边形薄板的重心在它的对角线的交点上。

由几个几何体组成的形状较为复杂的设备（图形）的重心，可先求出它的每一部分的重量和重心，然后再用求平行力合力的方法求整个设备（图形）的重心。设备、构件等重物密度的大小对重心的位置没有影响。

对于形状复杂的物体，用几何法无法确定其重心位置时，可以用悬挂法求出它们的重心。任意选择物体上的两点做两次悬挂试验，可得到两条通过重心的直线；这两条直线的交点，就是该物体的重心。

一定形状的设备、构件等物体，重心位置是一定的，不论设备、构件怎样放置，都不会对重心位置有什么影响。

3. 力的稳定与平衡

面支承设备、构件的平衡都是稳定平衡，但其平衡的稳定程度是不一样的。如图 7-1 所示，在长方体设备的两种放置方法中，第一种放置方法（如图 7-1a）容易倾倒，而第二种放置方法（如图 7-1b）就很稳定。

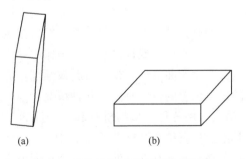

(a)   (b)

图 7-1　长方体设备的两种稳定平衡

增大面支撑设备平衡的稳定程度，可以采用以下两种办法：

（1）增大设备支承面的面积。

（2）降低设备的重心。

设备、构件的稳定性在安装、起吊作业中极为重要；掌握并灵活运用这些知识，对确保起重作业安全有重要作用。

4. 吊点位置的选择

选择吊点的位置，一般按下列原则进行：

（1）吊运各种机械设备、构件设计有吊耳或吊环要用原设计的吊耳或吊环。

（2）吊运各种设备与构件，如设备或构件上没有吊环，可在设备两端 4 个点上捆绑吊索，然后根据设备具体情况选择吊点，使吊点与重心在同一条铅垂线上。有些设备虽未设置吊耳或吊环，如化工厂的各种筒式塔类、罐类设备以及重要设备，但往往标有吊点标记，应仔细查验。

（3）水平吊装细长型设备时，两吊点位置应在距重心等距离的两端（即重心在中央），合力的作用线应通过重心。竖吊设备时，吊点位置应在重心的上端。

（4）吊运方形设备时，4 根千斤绳应拴在重心的四边。

（5）拖运重设备时，长型设备如顺长度方向拖拉时，捆绑点位置应在重心的前端。横拉时，两个捆绑点位置应在距重心等距离的两端。

（6）吊装细长设备的吊点位置，如管桩、钢板桩、塔类或混凝土柱、钢柱、钢梁杆件，都应事先计算，然后按照计算的吊点位置捆绑千斤绳，否则设备或杆件会因力矩作用导致不平衡或旋转，甚至使构件产生弯曲变形、杆件折断或倾翻，造成事故。匀质细长杆件的吊点位置的确定有以下几种情况：

1）一个吊点。用各种类型的机具起吊杆件的一端，另一端支于地面，其吊点位置拟在距杆端长度 $0.3L$（L 为杆件的长度）处，即吊点位置在杆长的 0.3 倍处。如杆件长度为 20m，则捆绑点位置在距上杆端 $0.3 \times 20 = 6m$ 处（图 7-2）。

2）两个吊点。如起吊用两个吊点，则两个吊点应分别距杆端长度为 0.21L 处，如杆件长度为 20m，则吊点位置距杆端的长度为 0.21×20＝4.2m（图 7-3）。

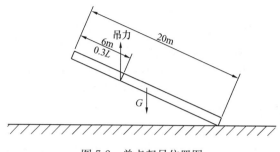

图 7-2　单点起吊位置图

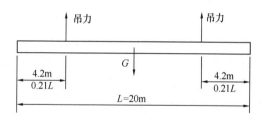

图 7-3　两个吊点起吊位置图

3）三个吊点。如果杆件太长，为减少起吊时杆件所产生的应力，可采用三个吊点。三个吊点位置的求法是：首先将两端的两个吊点求出来，用 0.13 乘以杆件全长 L，即得到两端吊点位置，然后把两吊点间的距离等分，即得到第三个吊点的位置，也就是中间吊点的位置，或用 0.37 乘以杆件全长，所得到的长度就是中间吊点到两端各吊点的位置，如杆件长 20m，则两端吊点位置为距端面 0.13×20＝2.6m 处，中间吊点距两端吊点的距离均为 0.37×20＝7.4m。

4）四个吊点。四个吊点起吊，可先算出两端吊点，再将两吊点间的距离三等分，即可得中间吊点位置。计算时，两端吊点位置用 0.095 乘以杆件全长，中间吊点距两端吊点的距离为 0.27 乘以杆件全长。如杆件长 20m，则两端吊点位置为 0.095×

20＝1.9m，中间两吊点距两端吊点的距离均为 0.27×20 ＝5.4m。

5. 许用应力及安全系数

通过材料试验我们知道，当杆件应力过大时，杆件就将遭到破坏。为了保证构件的安全和耐久，在设计和考虑构件的荷载时，不仅应使构件内的最大应力小于材料的破坏应力，而且应使构件内的应力不超过某个低于破坏应力的数值。

6. 构件的变形与安全

（1）五种基本变形

构件的基本变形包括拉伸变形、压缩变形、剪切变形、弯曲变形和扭转变形。如钢丝绳承重超载发生断绳事故，桅杆和塔式起重机的塔身由于吊装时超载受压，易发生折杆事故；连接两个零件或杆件的螺栓、销子、键、铆钉、焊缝等受到的剪切力过大，易造成设备事故；吊车的吊臂由于超载、弯曲造成弯矩过大而发生倾翻或折断吊臂事故；起重机主电动机由于超负荷运转，传动轴受到的扭矩过大而发生断轴事故。

在使用各种起重机械或进行安全检查时，应特别注意上述五种基本变形对构件、机械设备的各部件所造成的影响，并且要经常对各零部件进行应力校核，防患于未然。

（2）应力集中

杆件、机械的零部件，由于局部开口、开槽、钻孔等原因，可能造成因某个截面突然改变引起的局部应力增大的现象，称为应力集中现象。在生产与建筑施工过程中，由于应力集中所导致的事故较为常见。

（3）疲劳现象

机械中有很多零件，长期受着周期性变动的荷载的作用（这种周期性变动的荷载称为交变荷载），特别是杆件，其应力随着时间做周期性变动（这种周期性变化的应力称为交变应力），如压缩机连杆内的应力。实践证明，承受交变应力的杆件，当它的最大应力远低于强度极限，甚至低于比例极限时，有时也会突然断裂，这种破坏称为材料的疲劳破坏。它不易引起人们的注意，常常造成严重的事故。

第四节　液压传动基础知识

1. 液压传动的特点

液压传动不同于皮带、轴等机械传动零件，它是以液体为传动件（介质）进行能量传递和控制的一种传动方式，它的特点是：

（1）液体为传动件（介质）。

（2）这种传动必须在密闭容器（缸、管）内进行。

（3）液体只能承受压力，不能承受其他应力，液压传动是利用液体压力进行能量转换的。液压传动在机械、电气、冶金、航空、航天、化工、矿山等工业及科研行业都有着极其广泛的应用。特别是在起重机械中，它是主要的传动方式之一。

2. 液压传动的优缺点

（1）液压传动与机械、电气、气动的传动形式比较有以下优点：

1）传递运动平稳、均匀，可以用液压缸实现无间隙传动。

2）由于尺寸小、重量轻、动作快，因而在往复和旋转运动中可实现频繁、快速而冲击很小的变速及换向。

3）可以在很大的范围内实现无级变速。

4）可以很方便地实现自动化、过载保护等。如自动控制中的随动系统等都离不开液压传动。

5）机械零件在油中工作，润滑好，寿命长。

6）液压元件大部分都是标准化的，设计、制造比较方便。

7）易于操作，可以简化机器结构。

（2）液压传动的缺点是：

1）油有一定的可压缩性，不宜定比传动。

2）有漏油、压力及机械摩擦三项损失，传动效率较低。

3）由于油的黏度随温度变化，导致工作机构的性能不稳定，所以液压系统不宜在高温及低温条件下工作。

4）液压系统的故障不易查找。

5）零件加工质量（光泽度、几何精度）要求较高。

3. 液压系统的组成

液压系统由以下五个部分组成：

（1）动力元件。动力元件即液压泵，它是将原动机的机械能转换为液压能的元件。

（2）执行元件。执行元件即液压缸、液压电机等，它是使液体压力能转变为机械能的元件。

（3）控制元件。控制元件即控制液压系统内压力、油流方向、流量等的元件。

1）控制压力用的元件，如溢流阀或安全阀。

2）控制油流方向的元件，如换向阀、行程阀、开关阀等。

3）控制流量（即执行机构速度）的元件，如节流阀等。

（4）辅助元件。如滤油器、供回油管路、压力表、截止阀、油箱、蓄能器、冷却器等。

（5）液压油。

4. 塔式起重机液压顶升系统工作原理（图7-4）

图7-4是液压顶升系统工作原理图，现在对其进行分析：液压泵4由电动机带动，从油箱5中吸油，然后将具有压力能的油液输送到管

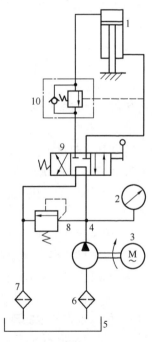

图 7-4　液压顶升系统
工作原理图

1—顶升液压缸；2—压力表；
3—电动机；4—液压泵；5—油箱；6—吸油过滤器；7—回油过滤器；8—溢流阀；9—手动换向阀；10—平衡阀

70

路，油液通过管路流至手动换向阀9，换向阀9的阀芯有不同的工作位置（图中有三个工作位置），当阀芯处于中间位置时，通向顶升油缸的油路被堵死，顶升油缸不通液压油，所以停止不动；若将阀芯向左推（左端工作位置），液压油流入换向阀，液压油流入顶升油缸1的上腔，在顶升油缸上腔液压油的推动下顶升油缸向上移动，顶升油缸下腔的油液通过换向阀流回油箱5；若将换向阀9的阀芯向右推（右端工作位置），顶升油缸向下移动；因此改手动变换向阀9的不同工作位置，就能不断改变液压油的通路，使顶升油缸不断换向，以实现顶升油缸的顶升或下降。

第五节　钢结构基础知识

1. 钢结构的特点

钢结构是由钢板、热轧型钢、薄壁型钢和钢管等构件通过焊接、铆接、螺栓、销轴等形式连接而成的能承受和传递荷载的结构形式，它是建筑起重机械的重要组成部分。钢结构与其他结构相比，具有以下特点：

（1）坚固耐用、安全可靠。

（2）自重小、结构轻巧。

（3）材质均匀。

（4）韧性较好，适应在动力荷载下工作。

（5）易加工。

（6）钢结构与其他结构相比，也存在抗腐蚀性能和耐火性能较差，以及在低温条件下易发生脆性断裂等缺点。

2. 钢结构的材料

（1）钢结构所采用的材料一般为Q235钢、Q345钢。普通碳素结构钢Q235系列钢，强度、塑性、韧性及可焊性都比较好，是建筑起重机械使用的主要钢材。

低合金结构钢Q345系列钢，是在普通碳素钢中加入少量的合金元素炼成的。其力学性能好，强度高，对低温的敏感性不高，腐蚀性能较强，焊接性能也好，用于受力较大的结构中可节省钢材，减轻结构自重。

（2）钢材的规格

钢材有热轧成型及冷轧成型两类。热轧成型的钢材主要有型钢及钢板，冷轧成型的钢材主要有冷弯薄壁型钢及压型钢板。型钢和钢板是制造钢结构的主要钢材。

按照国家标准规定，型钢和钢板均具有相关的断面形状和尺寸。

1）热轧钢板

厚钢板，厚度 4.5～60mm，宽度 600～3000m，长 4～12m；

薄钢板，厚度 0.35～4.0mm，宽度 500～1500mn，长 1～6m；

扁钢，厚度 4.0～60mm，宽度 12～200mm，长 3～9m；

花纹钢板，厚度 2.5～8mm，宽度 600～1800mm，长 4～12m。

2）角钢

角钢分等边与不等边两种。角钢是以其边宽来编号的，例如，10 号角钢的两个边宽均为 100mm，10/8 号角钢的边宽分别为 100mm 及 80mm。同一号码的角钢厚度可以不同，我国生产的角钢的长度一般为 4～19m。

3）槽钢

槽钢分普通槽钢和普通低合金轻型槽钢。其型号是以截面高度（cm）来表示的。例如，20 号槽钢的断面高度均为 20cm。我国生产的槽钢一般长度为 5～19m，最大型号为 40 号。

4）工字钢

工字钢分普通工字钢和普通低合金工字钢。因其腹板厚度不同，可分为 a、b、c 三类，型号也是用截面高度（cm）来表示的。我国生产的工字钢长度一般为 5～19m，最大型号为 63 号。

5）钢管

钢管规格以外径表示，我国生产的无缝钢管外径 38 ～ 325mm，壁厚 4～40mm，长度 4～12.5m。

6）H 型钢

H 型钢规格以高度（mm）×宽度（mm）表示，目前生产的 H 型钢规格 100mm × 100mm ～ 800mm × 300mm 或宽翼 427mm×400mm，厚度（指主筋壁厚）6～20mm，长度 6～18m。

7）冷弯薄壁型钢

冷弯薄壁型钢是用冷轧钢板、钢带或其他轻合金材料在常温下经模压或弯制冷加工而成的。用冷弯薄壁型钢制成的钢结构，重量轻，省材料，截面尺寸又可以自行设计，目前在轻型的建筑结构中已得到应用。

3. 钢结构的应用

由于钢结构自身的特点和结构形式的多样性，随着我国国民经济的迅速发展，应用范围越来越广，除房屋结构以外，钢结构还可用于下列结构：

（1）塔桅结构

塔桅结构包括电视塔、微波塔、无线电桅杆、导航塔及火箭发射塔等，一般均采用钢结构。

（2）桥梁结构

跨度大于 40m 的各种形式的大、中跨度桥梁，一般也采用钢结构。

（3）可拆卸移动式结构

塔式起重机、施工升降机、物料提升机、高处作业吊篮、附着式升降脚手架等起重机械及施工设施中也大量采用钢结构形式。

4. 钢结构的连接

钢结构通常是由多个杆件以一定的方式相互连接而组成的。常用的连接方法有焊接连接、螺栓连接与铆接连接等。

（1）焊接连接

焊接连接广泛应用于结构件的组成，如塔式起重机的塔身、起重臂、回转平台等钢结构部件，施工升降机的吊笼、导轨架，高处作业吊篮的吊篮作业平台、悬挂机构，整体附着升降脚手架的竖向主框架、水平承力桁架等钢结构件。焊缝连接也用于长期或永久性的固接，如钢结构的建筑物，也可用于临时单件结构的定位。

焊缝表面质量检查。

焊缝外形尺寸如焊缝长度、高度等应满足设计要求，在重要焊接部位，可采用磁粉探伤或超声波探伤，甚至用X光射线探伤进行判断焊缝质量。一般外观质量检查要求焊缝饱满、连续、平滑，无缩孔、杂质等缺陷。

（2）螺栓连接

螺栓连接广泛应用于可拆卸连接，螺栓连接主要有普通螺栓连接与高强度螺栓连接两种。

1）普通螺栓连接

普通螺栓连接分为精制螺栓（A级与B级）和粗制螺栓（C级）连接。

普通螺栓材质一般采用Q235钢。普通螺栓的强度等级为3.6~6.8级；直径为3~64mm。

2）高强度螺栓连接

高强度螺栓按强度分为8.8、9.8、10.9和12.9四个等级（扭剪型高强度螺栓强度仅10.9级），直径一般为12~42mm，按受力状态可分为抗剪螺栓和抗拉螺栓。

（3）铆接连接

铆接连接因制造费工费时，用料较多及结构重量较大，现已很少采用。只有在钢材的焊接性能较差时，或在主要承受动力荷载的重型结构（如桥梁、吊车梁等）中才采用。建筑机械的钢结构一般不用铆接连接。

5. 钢结构的安全使用

钢结构构件可承受拉力、压力、水平力、弯矩、扭矩等荷载，而组成钢结构的基本构件，是轴心受力构件，包括轴心受拉构件和轴心受压构件。要确保钢结构的安全使用，应做好以下几点：

（1）组成钢结构的每件基本构件应完好，不允许存在变形、破坏的现象，一旦有一根基本构件被破坏，将会导致钢结构整体的失稳、倒塌等事故。

（2）结构的连接应正确牢固，由于钢结构是由基本构件连接组成，所以有一处连接失效同样会造成钢结构的整体失稳、倒塌，造成事故。

（3）在允许的荷载、规定的作业条件下使用。

第八章 塔式起重机专业知识

第一节 塔式起重机的分类

塔式起重机（以下简称塔机）是一种臂架安装在垂直塔身的回转式起重机，具有起升高度大、作业半径长、回转角度广、工作效率高、操作方便、运转可靠等特点。其结构轻巧，安装拆卸运输方便，适合露天作业。作为施工中的主要垂直运输设备，塔式起重机大多用于工业与民用建筑、桥梁、电厂、水利工程及港口等工地的施工吊装。

塔机的主要分类方式有：

1. 按组装方式分类

塔机按组装方式分为自行架设塔机和组装式塔机。

（1）自行架设塔机，即依靠自身的动力装置和机构能实现运输状态与工作状态相互转换的塔式起重机。自行架设塔机可以整体折叠运输，自行整体架设，但起重力矩和起升高度都不大。目前此类塔机在国内使用较少，仅在风电吊装类工程中使用。

1）自行架设塔机按上部结构特征分类

自行架设塔机按上部结构特征分为水平臂小车变幅塔机、倾斜臂小车变幅塔机、动臂变幅塔机。

2）自行架设塔机按转场运输方式分类

自行架设塔机按转场运输方式分为车载式和拖行式。

（2）组装式塔机，即依靠其他起重设备进行组装架设成整机的塔机。组装式塔机虽然不可以整体运输、自行架设，但起重力矩、起升高度、臂架长度可以设计得比较大。目前现场使用的塔机基本上都属于组装式塔机。

2. 按回转部位分类

塔机按回转部位分类分为上回转塔机和下回转塔机。

（1）上回转塔机是指回转支承装设在上部的塔机。其特点是塔身是不随回转装置的转动而转动，在回转部分与塔身之间装有回转支承装置，这种装置将上、下两部分连成一体，但又允许上、下两部分相对回转。上回转塔机的驾驶室安装在塔机回转之上，视线较好；而且因为塔身不转动，有利于塔机的附着，可大大提高塔机的起升高度。此类塔机目前应用得最多。

（2）下回转塔机是指回转支承装设在塔身的底部的塔机。其特点是塔身随着回转装置的转动而转动。此类塔机回转总成、平衡重以及所有的工作机构等均装设在下端，并与回转装置一同回转，仅有起重臂安装在塔身的顶部。此类塔机具有重心较低、稳定性好、安全性高等特点。由于大部分机构均安装在塔身下部，所以维护方便，减少了高空作业，但使用高度受到限制，而且操作视线也不开阔。

3. 组装式塔机按上部结构特征分类

组装式塔机按上部结构特征分为水平臂（含平头式）小车变幅塔机、倾斜臂小车变幅塔机、动臂变幅塔机、伸缩臂小车变幅塔机和折臂小车变幅塔机。

动臂变幅塔机按臂架结构形式分为定长臂动臂变幅塔机与铰接臂动臂变幅塔机。

（1）水平臂小车变幅塔机是指通过起重小车沿起重臂运行而进行变幅的塔机。这类塔机的起重臂固定在水平位置，通过起重臂上的运行小车来实现变幅，它能充分利用幅度，起重小车可以开到靠近塔身的地方，变幅迅速，但不能调整仰角。

小车变幅塔机按臂架支承形式分为塔帽式塔机和平头式塔机。

1）塔帽式塔机主要体现在利用塔帽和拉杆，通过铰接的方式将起重臂和平衡臂连接起来的工作方式，这样有效地将力传递给塔身，可以适度降低起重臂和平衡臂的重量。此类塔机是传统式的塔机形式，目前在市场上应用最多。

2）平头式塔机没有传统塔机那种塔帽、平衡臂、吊臂及拉杆之间的铰接连接方式，因此平头塔机安装拆卸简单、容易、快捷、省时，由于取消了塔帽，安装高度至少节省了6m以上，实际上也大大降低了对辅助安装起重机械的要求。

平头式塔机是最近几年发展起来的一种新型塔机，其特点是在原自升式塔机的结构上取消了塔帽及其前后拉杆部分，增强了大臂和平衡臂的结构强度，大臂和平衡臂直接相连，其优点是：

① 整机体积小，安装便捷安全，降低运输和仓储成本；

② 起重臂耐受性能好，受力均匀一致，对结构及连接部分损坏小；

③ 部件设计可标准化、模块化、互换性强，减少设备闲置，提高投资效益。

其缺点是在同类型塔机中平头塔机价格稍高。

（2）倾斜臂小车变幅塔机是通过起重小车沿起重臂运行而进行变幅的塔机，但这类塔机的起重臂可在一定角度范围内根据工程吊装需要仰起或俯下。因为塔机设计的原因，起重臂的倾斜角度一般很小，一般在30°左右。基于技术、使用安全和成本的考虑，此类塔机目前在现场几乎看不到。

（3）动臂变幅塔机是指通过臂架俯仰运动进行变幅的塔机，幅度的变化是利用变幅卷扬机和变幅滑轮组改变起重臂的仰角来实现的。这类塔机与同性能的小车变幅塔机相比，优点是臂架受力状态较好，自重较轻，而且具有一定的起升高度优势。此类塔机目前在超高层建筑的建设中广泛采用。

（4）伸缩臂小车变幅塔机是指在工作中起重臂可以在一定范围内伸缩，变换起重臂长度的塔机。此类塔机可以在工作中根据工况需要随时改变起重臂长度，但其结构复杂，结构较大，目前在国内应用较少。

（5）折臂小车变幅塔机是指可以根据施工现场作业需要，塔机在工作过程中起重臂架可以进行折弯的塔机。此类塔机同时具备小车变幅和动臂变幅的性能，目前在国内的应用也比较少。

4. 组装式塔机按中部结构特征分类

组装式塔机按中部结构特征分为爬升式塔机和定置式塔机。

5. 爬升式塔机按爬升特征分类

爬升式塔机按爬升特征分为内爬式塔机和外爬式塔机。

内爬式塔机安装在建筑物内部，支承在建筑物电梯井内或电梯井外，依靠安装在塔身底部的爬升机构，使整机沿建筑物电梯井上升。此类塔机目前在超高层建筑的建设中广泛采用。

外爬式塔机相对于内爬式塔机而言，目前市场上常见的固定式、附着式塔机都可以隶属于外爬式塔机的范畴。外爬式塔机主要依靠自身的标准节自行加高，根据工程建设需要，在塔机设计允许的最大高度的范围内，可以将自身的塔身爬升至相应安装高度。

6. 按基础特征分类

塔机按基础特征分为轨道运行式塔机和固定式塔机，固定式塔机又分为固定底架压重塔机和固定基础塔机。

（1）固定式塔机是指通过连接件将塔身基础固定在地基基础或结构物上进行作业的塔机。此类塔机固定在专门制作的基础上进行定点作业。固定式塔机有的采用整体式基础，将塔身底部与基础中的连接件连接；有些中小型塔机采用分体式基础，将底架四角与四个分体基础连接；有的塔机底架上设置中心压重，有的则不设，应根据塔机整体抗倾覆稳定性的要求计算确定。附着式塔机是指塔机安装在建筑物的一侧，底座固定在专门的基础上，随着塔身的自行加节升高，每间隔一定高度用专用杆件将塔身与建筑物连接，依附在建筑物上。附着式塔机是我国目前应用最广泛的一种塔机形式。

（2）轨道运行式塔机是一种由轨道及塔机行走总成组成塔机基础的塔机。此类塔机通过沿轨道行走来扩大塔机作业范围，适用于大面积吊装施工现场。

第二节 主要技术参数

塔机的主要技术参数是塔机设计、制造的基本出发点，直接影响塔机结构设计和制造成本，同时也是塔机工作性能优劣的集中体现。

1. 基本参数

（1）工作幅度，也称工作半径或回转半径，是指塔机在空载时，其回转中心线至吊钩中心垂线的水平距离。表示塔机在不移动时的工作范围，通常以 L 表示，单位为 m。

1）最小工作幅度，是指塔机在工作时，水平式塔机变幅小车在起重臂最内极限位置的工作幅度或动臂式塔机臂架斜角达到最大位置时的工作幅度。

2）最大工作幅度，是指塔机在工作时，水平式塔机变幅小车在起重臂最外极限位置的工作幅度或动臂式塔机臂架斜角达到最小位置时的工作幅度。

（2）起升高度，是指塔机运行或固定独立状态时，空载、塔身处于最大高度、吊钩处于最小幅度处，吊钩支承面对塔机基准面的允许最大垂直距离。通常以 H 表示，单位为 m（注：对动臂变幅塔机，起升高度分为最大幅度时起升高度和最小幅度时起升高度）。

（3）起重量是指被起吊的重物的质量，用 Q 表示，标准单位为 kg，常用单位为 t。

1）额定起重量，是指在规定幅度时所能吊起的最大起升荷载，不包括吊钩重量，通常以 Q_n 来表示。

2）最大起重量，是指塔机在正常工作条件下，允许吊起的最大额定起重量，通常以 Q_{max} 来表示。

（4）工作速度，主要包括起升速度、回转速度、变幅速度（又分为小车变幅速度和全程变幅时间）和运行速度。

1）起升速度，是指起吊各稳定运行速度挡对应的最大额定起重量时，吊钩上升过程中稳定运动状态下的上升速度，通常以 V_q 表示，单位为 m/min。

2）小车变幅速度，是指起吊最大幅度时的额定起重量时，小车稳定运行的速度。通常以 V_b 表示，单位为 m/min。

3）全程变幅时间，对动臂变幅塔机，起吊最大幅度时的额定起重量，臂架仰角从最小角度到最大角度所需要的时间，通常以 T_b 表示，单位为 min。

4）回转速度，是指额定起重力矩荷载状态、吊钩位于最大高度时的稳定回转速度，通常以 n 表示，单位为 r/min。

5）运行速度，是指塔机空载时，起重臂平行于轨道方向时塔机稳定运行的速度，通常以 V_a 表示，单位为 m/min。

2. 主参数

额定起重力矩，是指基本臂最大幅度与相应额定起重量的乘积，以 M_0 表示，单位为 kN·m。

3. 其他主要性能参数

（1）尾部尺寸，上回转式塔机的尾部尺寸是由塔机回转中心线至平衡臂尾部（包括平衡重）的最大距离；下回转式塔机的尾部尺寸是由塔机回转中心至转台尾部（包括压重块）的最大距离，单位为 m。

（2）塔机总重量，是指塔机各个部件的重量之和，包括塔机所需的液体重量在内，单位为 t。

（3）轨距是指轨道中心线或起重机行走轮踏面中心线之间的水平距离。

第三节　基本构造和工作原理

塔机主要的用途就是使其实现垂直运输物料的特定功能，并配合水平运动及回转等动作，使其工作区域尽可能扩大化，从而加快了工程的施工进度。根据其工作性能，塔机主要是由金属结构、工作机构、电气控制系统及安全装置四大部分组成，再辅以

相关的附加设施，比如基础、附着装置等，完全实现塔机的相关
工作功能。

1. 塔机的基本构造

塔机的主要部件包括：固定基础或底架基础、底架（包括
压重）、塔身、顶升机构、回转机构、变幅机构、起升机构、
司机室、平衡重、变幅小车、吊钩、拉杆（根据塔机形式配
备）、平衡臂、起重臂等。如果是行走式塔机，还包括行走机
构；如果是附着式塔机，还包括附着装置等。常用的塔机形
式有：

（1）塔帽式塔机，如图 8-1 所示。

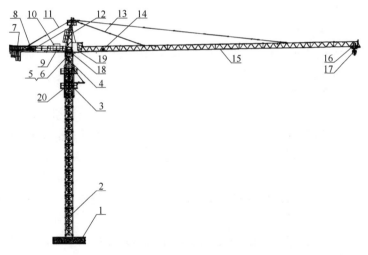

图 8-1　塔帽式塔机结构示意图

1—固定式基础；2—塔身；3—顶升套架；4—特殊节；5—回转上支座；
6—回转下支座；7—平衡重；8—起升机构；9—平衡；10—电控系统；
11—平衡臂拉杆；12—塔帽；13—起重臂拉杆；14—变幅机构；15—起
重臂；16—载重小车；17—吊钩；18—回转机构；19—司机室；
20—液压顶升系统

（2）平头式塔机，如图 8-2 所示。

（3）动臂式塔机，如图 8-3 所示。

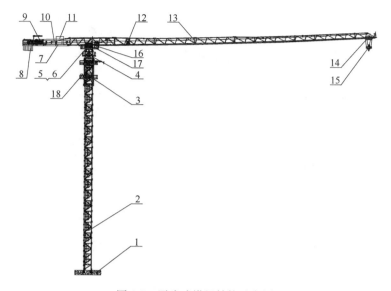

图 8-2　平头式塔机结构示意图

1—固定式基础；2—塔身；3—顶升套架；4—特殊节；5—回转上支座；
6—回转下支座；7—平衡臂；8—平衡重；9—起升机构；10—平衡臂拉
杆；11—电控系统；12—变幅机构；13—起重臂；14—载重小车；
15—吊钩；16—司机室；17—回转机构；18—液压顶升系统

2. 塔机的金属结构

金属结构部分主要包括基础预埋件、底架、塔身、顶升套架总成、回转总成、塔帽、起重臂、平衡臂、司机室等。

（1）基础预埋件。塔机整机为了与固定式基础（内爬式塔机的预埋件是预埋在剪力墙等建筑结构上）可靠有效连接，在浇筑塔机基础混凝土时事先预埋与塔机塔身有效连接的构件。常见的预埋件有三种：预埋螺栓、预埋支腿、预埋节，如图8-4所示。

（2）底架。有部分塔机设计不需要做或有的施工现场不能做固定式基础，往往采用的就是压重式基础或行走台车的形式，就需要底架的支撑。所以底架是塔机最底部的结构件，一般由底架

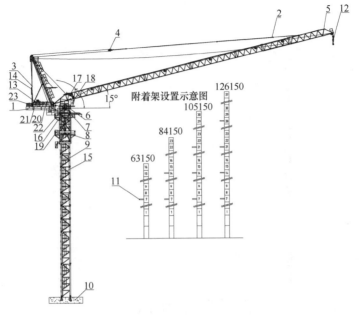

图 8-3 动臂式塔机结构示意图

1—平衡臂；2—吊臂拉杆；3—塔帽；4—变幅滑轮组；5—起重臂；6—回转上支座；7—回转下支座；8—爬升套架；9—塔身；10—固定基础；11—附着架；12—吊钩；13—电气控制系统；14—力矩限制器；15—通道；16—回转支承；17—起重量限制器；18—司机室；19—液压顶升系统；20—起升机构；21—变幅机构；22—回转机构；23—配重

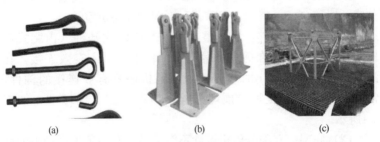

图 8-4 塔机预埋件结构形式

（a）预埋螺栓；（b）预埋支腿；（c）预埋节

结构、基础节、斜撑杆、压重等组成，是承受塔机全部荷载的结构件，塔机的全部自重和荷载都要通过它传递到地面或行走台车上，如图8-5所示。

（3）塔身。塔身是塔机金属结构的主体，起到支撑整个塔机上部结构的重量和荷载的作用，同时还可以通过升高或降低塔身的方式来满足施工现场

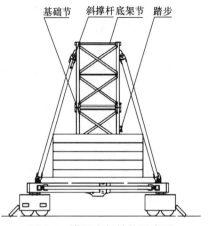

图 8-5　塔机底架结构示意图

的吊装高度要求。塔身主要分为标准节、加强节和特殊节。

1）标准节。标准节是构成塔身最主要的结构件，是相对于某一台、某种型号塔机或者是同一制造厂家生产的通用的塔身节。对于这类塔身节而言，它们之间是可以互换的，如图8-6所示。标准节的形式多种多样，主要分为整体式和片装式两种，整体式标准节整体强度和稳定性较好，这类标准节在市场上较多；而片装式标准节，也有可以拆解成片式的。标准节之间的连接副也是形式多样，主要有销轴连接、高强度螺栓连接。

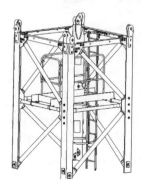 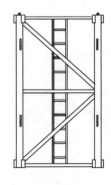 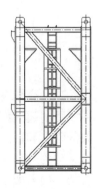

图 8-6　标准节结构形式

2）加强节。加强节的结构形式、尺寸与标准节基本相同，只不过在局部位置做了加强，一般用在塔身的底部位置，以抵抗塔身受到的最大弯矩。还有一种加强节是用在内爬式塔机上，使用位置在几道爬升梁的夹持位置，用来集中抵抗水平力。

3）特殊节（也叫过渡节）。它主要是用来将上、下两种不同截面尺寸的标准节或其他结构进行有效连接的一种过渡结构，如图8-7所示。

（4）顶升套架总成。顶升套架总成主要由钢结构桁架、顶升液压缸、液压泵站、支撑梁及操作平台等几部分组成，主要用作塔机塔身的升高及降落（图8-8）。

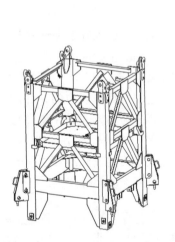
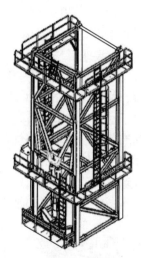

图8-7　特殊节结构示意图　　图8-8　顶升套架结构示意图

顶升套架有整体式和拼装式两种形式，基于陆路运输的考虑，目前超大型塔机的顶升套架以拼装式居多。但整体式顶升套架的强度和稳定性强于拼装式顶升套架。根据顶升套架的安装位置又分为外套架和内套架，可以根据工程项目的施工需求采用外套架、内套架或内外套架组合的顶升方式。

（5）回转总成。回转总成一般由回转上支座、回转支承和回转下支座组成，回转动力机构一般设置于回转上支座上，回转上支座与塔帽相连，而回转下支座则与塔身相连（图 8-9）。

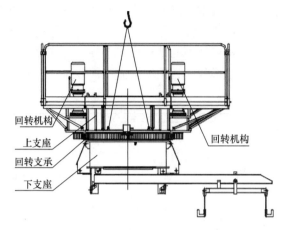

图 8-9　回转总成结构示意图

（6）塔帽。塔机的塔帽是塔帽式塔机特有的结构，塔帽的主要作用就是作为支撑结构，两端连接着起重臂和平衡臂。塔帽的结构形式和安装方向多种多样，如图 8-10 所示，左图为带水平

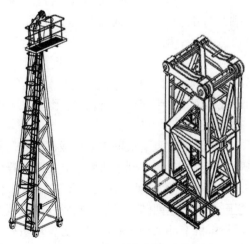

图 8-10　塔帽结构形式示意图

拉杆式塔机所用的塔帽形式，右图为平头式塔机所用的塔帽形式。无论哪种结构形式，其作用基本是一致的。

（7）起重臂。起重臂又称吊臂或臂架，主要采用桁架结构。按其使用的塔机形式来分，起重臂主要分为动臂式臂架和水平式臂架。如果按起重臂截面的结构形式来分，起重臂又可分为正三角形截面、倒三角形截面、矩形截面三种形式（图8-11）。

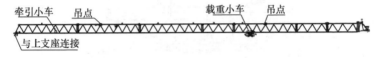

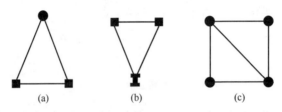

图8-11　起重臂结构形式示意图

（a）正三角形截面；（b）倒三角形截面；（c）矩形截面

（8）平衡臂。平衡臂的主要功能就是通过自身重量、平衡重及放置在平衡臂上面的起升机构等起到平衡起重力矩的作用。在空载状态下，平衡臂端的总力矩均大于起重臂端的总起重力矩，其差值基本上相当于塔机最大起重力矩的50%。同时还可以利用平衡臂的空间布置电气控制柜、工具箱等装置。平衡臂的结构形式主要分为简梁式结构、箱形梁式结构和桁架式结构（图8-12）。

（9）司机室。司机室是塔机的重要组成部分，所有的工作机构和安全装置的控制全部集中到司机室中，由塔机操作人员根据工作需要来进行控制。司机室要求为封闭式结构，空间宽敞舒适，而且要视野开阔。上回转塔机的司机室一般设置在塔机回转机构的上部，与塔机上部结构一起回转，方便塔机操作人员的观察和操作；下回转塔机的司机室设置在塔机的下部（图8-13）。

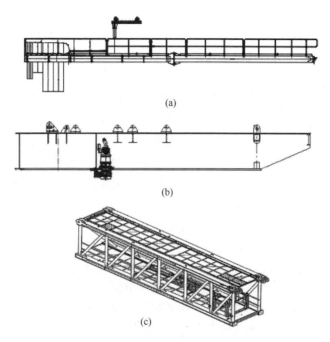

(a)

(b)

(c)

图 8-12　平衡臂结构形式示意图

（a）简梁式平衡臂；（b）箱形梁式平衡臂；（c）桁架式平衡臂

图 8-13　司机室

3. 塔机的工作机构

塔机的主要工作机构主要包括起升机构、回转机构、变幅机构、液压顶升机构以及运行机构。

（1）起升机构

实现重物垂直升降运动的机构称为起升机构。它是塔机中最重要、最基本的机构，主要由驱动装置、传动装置、卷绕系统、取物装置和制动装置组成。根据需要起升机构上还可装设各种辅助装置，如起重量限制器、起升高度限位器、速度限制器和钢丝绳作多层卷绕时，使钢丝绳按照顺序排列在卷筒上的排绳装置等。

塔机的起升机构通常由电动机、电控箱、制动器、减速器、卷筒、滑轮组、吊钩及钢丝绳等组成。近年来，随着技术的发展，慢慢地产生了柴油机动力以及全液压驱动的塔机，这类塔机的起升机构部件还包括柴油机、液压电机、液压泵等部件。无论是电驱动还是液压驱动，工作原理基本是一致的。

起升机构的基本工作原理：电动机 1 通过联轴器 2 和减速器 3 相连，减速器的输出轴上装有卷筒 4，卷筒通过钢丝绳和安装在塔身或塔顶上导向滑轮 5 及起重滑轮组 6 与吊钩 7 相连，如图 8-14 所示。电动机在工作时，卷筒将缠绕在其上的钢丝绳卷进或放出，通过滑轮组使悬挂在吊钩上的物品起升或下降，从而实现重物的垂直升降运动。当电动机停止工作时，制动器通过弹簧力将制动轮刹住。

电动机正转或反转时，制动器松开，通过带制动轮的联轴器带动减速器高

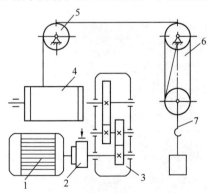

图 8-14　起升机构示意图

1—电动机；2—联轴器；3—减速器；4—卷筒；
5—导向滑轮；6—滑轮组；7—吊钩

速轴，经减速器减速后由低速轴带动卷筒旋转，使钢丝绳在卷筒上绕进或放出，从而使重物起升或下降。电动机停止转动时，依靠制动器将高速轴的制动轮刹住，使悬吊的重物停止在空中。

起升机构的制动器必须采用常闭式的。制动力矩应保证有足够的制动安全系数。在重要的起升机构中一般设有两个制动器，而第二个制动器可安装在减速器高速轴的另一伸出端或装设在电动机的尾部销轴上。

起升机构组成中一个重要部件就是减速器，目前起升机构采用的减速器通常有三种：圆柱齿轮减速器、蜗轮减速器以及行星齿轮减速器。其中圆柱齿轮减速器由于效率高，功率范围大，使用较为普遍，但缺点是体积及重量较大。蜗轮减速器尺寸小，重量轻，传动比大，但缺点是效率低、寿命短，一般只能用于小型塔机的起升机构，现阶段使用较少。行星齿轮减速器具有结构紧凑、传动比大、重量轻等特点，但价格较贵，目前使用也较多。

（2）回转机构

塔机回转机构就是利用回转上支座上的驱动装置，驱动回转使其进行回转运动。塔机工作范围的大小除了与起重臂的长度有关，另外就在于塔机的回转运动。当吊有重物的起重臂架绕塔机的回转中心作 360°回转时，就能使物品吊运到回转区域内的任何地点。但由于塔机起重臂架长、吊物重量大，受风荷载的影响较大，起动和制动惯性也较大，工作状态与非工作状态要求也不同，所以塔机的回转机构的性能是至关重要的。

塔机的回转机构主要由回转支承装置及回转驱动装置两部分组成。在实现回转运动时，为塔机回转部分提供稳定、牢固的支承，将回转部分的荷载传递给固定部分的装置称为回转支承装置；驱动塔机的回转，使其相对塔机固定部分实现回转的装置称为回转驱动装置。

回转支承装置中除了连接部件外，最核心的部件就是回转支承件。在塔式起重机中主要使用柱式和滚动轴承式回转支承件。

1）柱式回转支承件

柱式回转支承件又可分为转柱式和定柱式两类。其中转柱式回转支承件的结构简单，制造方便，适用于起升高度、工作幅度以及起重量较大的塔机；而定柱式回转支承结构简单，制造方便，起重机回转部分的转动惯量小，自重和驱动功率较小，能使起重机的重心降低。

2）滚动轴承式回转支承件

起重机回转部分固定在大轴承的回转座圈上，而大轴承的固定座圈则与座架或门架的顶面相固结。常用的滚动轴承式回转支承件按滚动体形状和排列方式可分为单排四点接触球式、双排球式、单排交叉滚柱式、三排滚柱式。由于滚动轴承式回转支承件结构紧凑，可同时承受垂直力、水平力和倾覆力矩，是目前应用最广的回转支承件。为保证轴承件正常工作，固定轴承座圈的钢结构架要有足够的强度和刚度。

回转驱动装置目前在塔机上一般采用电动驱动装置较多，部分超大型塔机会采用液压驱动。回转驱动装置通常安装在塔机回转上部，电动机或液压电机经减速器带动传动小齿轮，小齿轮与装在塔机固定部分上的回转支承件的齿圈相啮合，从而实现塔机的回转运动（图 8-15）。

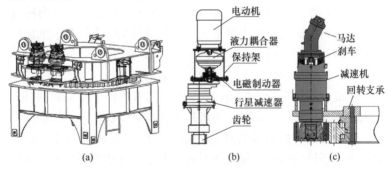

图 8-15　回转总成结构形式示意图
(a) 回转机构；(b) 电驱动装置；(c) 液压驱动装置

（3）变幅机构

变幅机构就是实现改变塔机工作幅度的工作机构。塔机的变幅机构按机构运动形式可分为动臂式变幅机构和运动小车式变幅机构。

1）动臂式变幅机构是通过起重臂的仰俯摆动来实现变幅的。起重臂仰俯运动的实现一般采用钢丝绳滑轮组和变幅液压缸两种形式，其中钢丝绳滑轮组式的应用较多，它主要由变幅卷扬机、A塔、变幅钢丝绳和滑轮组组成；动臂式变幅机构在变幅时物品和臂架的重心会随幅度的改变而发生不必要的升降，耗费额外的驱动功率，而且在增大幅度时，由于重心下降，容易引起较大的惯性荷载。动臂式变幅的优点是具有较大的起升高度，拆卸比较方便。其比较适用于超高层建筑施工和群塔作业环境（图8-16）。

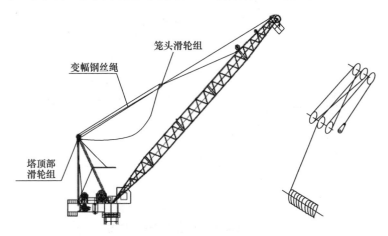

图8-16　动臂式塔机工作原理示意图

2）小车变幅机构是通过移动牵引起重小车实现变幅的。工作时起重臂安装在水平位置，小车由变幅牵引机构驱动，沿着起重臂的下弦杆移动。小车变幅的优点就是安装就位方便，速度快，省功率，幅度有效利用率大；缺点就是起重臂承受的弯矩较大，结构笨重（图8-17）。

（4）液压顶升机构

液压顶升机构是安装在顶升结构上的动力装置，一般是由液压油缸、液压泵站、液压操作阀、安全阀及油管等组成（图8-18）。

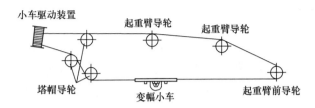

图 8-17　小车变幅机构工作原理示意图

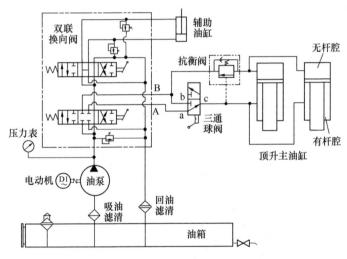

图 8-18　液压顶升系统工作原理图

液压顶升机构工作时，利用液压泵站将电动机的机械能转化为液压油的压力能，将液压油通过操作阀和油管的传递注入液压油缸，又将液压油的压力能转换成机械能，来驱动液压缸活塞杆的伸缩，从而实现其直线往复运动。自升式塔机的加节和降节就是通过液压顶升机构来实现的。内爬式塔机的爬升原理同自升式塔机的顶升原理基本相同。

（5）运行机构

运行机构用以支承塔机本身重量和起升荷载并使塔机整体水平运行。对于塔机的运行来讲，一般是采用有轨运行。有轨运行机构包括支承运行装置及驱动装置两大部分。前者是作为支承塔机重力的作用，包括行走车轮或台车等零部件，后者依靠车轮与轨道顶面的摩擦力使塔机沿轨道运行，包括电动机（若是液压驱动，则含液压泵、液压电机等）、制动器、减速器等部件（图8-19）。

图8-19　塔机运行机构

4. 电气控制系统

塔机的电气控制系统是塔机一切指令传递并得以实现工作目的的系统机构。电气控制系统主要由电源、配电系统、电气控制系统、电气保护装置以及相关电气设备组成。

（1）电源。电源是塔机的动力与照明来源，塔机的电源采用380V、50Hz三相五线作为主电源，采用220V、50Hz三相五线制作为照明电源。垂直悬挂的供电主电缆应采取固定保护措施。

（2）配电系统。塔机的配电系统采用三级配电制度，即总配电箱、分配电箱和开关箱；配电系统还要采用二级漏电保护系统，即总配电箱和开关箱必须要装设漏电保护器；另外配电系统还要采用TN-S接零保护系统，即工作零线和保护零线要分开，供电线路的零线和塔机的接地线严格分开，工作零线用在塔机的照明等220V的电气回路中；专用保护零线用做塔机的设备外壳上，常称 PE 线，首端与变压器输出端的工作零线相连；中间与工作零线无任何连接，末端进行重复接地。

（3）电气控制系统。塔机的电气控制系统是塔机的指挥中枢，是实现操作指令的核心装置。塔机的电气控制系统主要由主电路、控制电路两部分组成。主电路是指流过电气设备负荷电流的回路，电源接入塔机后，通过电路到达塔机各工作机构电动机及其他大功率电气设备等。控制回路是指控制主回路通断、操作指令转换以及保护主回路正常工作的电路。

（4）电气保护装置。电气保护装置主要包括：电动机的短路和热过载保护；外部线路的短路和过流保护；三相交流电机的错相和缺相保护；控制回路的零位保护；供电电源的过、失压保护；紧急情况下的紧急停止；变幅机构的自动减速功能；防雷保护；限位开关等。

（5）主要电气设备。塔机的主要电气设备包括：电动机、控制电气（断路器、接触器、继电器、变频器、直流调速器、PLC）、保护电气（空气开关、限位开关、漏电保护器等）、配电柜、电阻器等。

第四节　塔机基础、附着装置及稳定性

1. 塔机基础

塔机基础的设置是塔机安全使用的关键，是影响塔机整体稳定性的重要因素。因此施工单位在塔机安装之前一定要按塔机使用说明书的要求，结合塔机安装位置的地基承载力，认真做好塔机基础，切实保证塔机的安全。

塔机基础根据塔机的种类以及施工现场的安装条件限制，主要分为固定式基础、轨道基础和内爬式塔机基础。无论是哪种塔机基础，塔机基础的受力原理基本相同：塔机上部荷载传递到底座的力，大致由中心受到的压力、水平力、弯矩和起重臂旋转所引起的扭转惯性力等组成。

塔机在独立状态时，作用于基础的荷载应包括塔机作用于基础顶的竖向荷载标准值 F_k、水平荷载标准值 F_{vk}、倾覆力矩（包括塔机自重、起重荷载、风荷载等引起的力矩）荷载标准值 M_k、扭矩荷载标准值 T_k 以及基础及其上土的自重荷载标准值 G_k（图 8-20）。

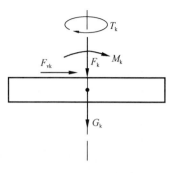

图 8-20　塔机基础荷载示意图

（1）根据工程地质情况、荷载大小与塔机稳定性要求以及现场条件，并结合塔机制造厂家的使用说明书的要求设置基础，常用的固定式塔机基础包括板式（矩形、方形）、十字式、桩基及组合式基础，其中板式基础和组合式基础应用更为广泛（图 8-21）。

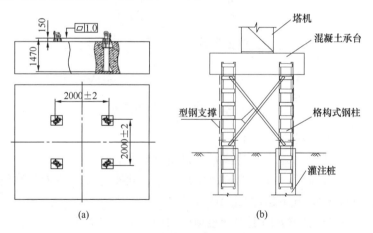

图 8-21　塔机基础形式示意图
（a）板式基础；（b）组合式基础

固定式基础一般都会采用钢筋混凝土基础承台，混凝土基础承台应符合下列要求：

1）混凝土基础按塔机制造厂的使用说明书要求制作；使用

说明书中混凝土强度未明确的，混凝土强度等级不低于 C30。

2）基础表面平整度允许偏差为 1/1000。

3）预埋件的位置、标高和垂直度以及施工工艺符合使用说明书要求。

4）混凝土基础应验收合格后，方可使用。

5）混凝土基础应修筑排水设施，排水设施应与基坑保持安全距离。

6）塔机的金属结构、轨道及所有电气设备的金属外壳，应有可靠的接地装置，接地电阻不应大于 4Ω。

（2）轨道式基础适用于行走式塔机，一般由钢轨、钢梁（或枕木）、混凝土路基（碎石基础、钢板或钢板路基箱）等组成（图 8-22）。

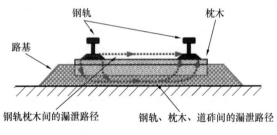

图 8-22　塔机轨道结构示意图

轨道式基础应符合下列要求：

1）路基承载能力应满足塔机使用说明书要求。

2）每间隔 6m 应设轨距拉杆一个，轨距允许偏差为公称值的 1/1000，且不超过±3mm。

3）在纵横方向上，钢轨顶面的倾斜度不得大于 1/1000；塔机安装后，轨道顶面纵、横方向上的倾斜度，对于上回转塔机应不大于 3/1000；对于下回转塔机应不大于 5/1000。在轨道全程中，轨道顶面任意两点的高差应小于 100mm。

4）钢轨接头间隙不得大于 4mm，并应与另一侧轨道接头错开，错开距离不得小于 1.5m，接头处应架在轨枕上，两轨顶高度差不得大于 2mm。

5）距轨道终端 1m 处必须设置缓冲止挡器，其高度不应小于行走轮的半径。在轨道上应安装限位开关碰块，且安装位置应保证塔机在与缓冲止挡器或与同一轨道上其他塔机相距大于 1m 处能完全停住，此时电缆线还应有足够的富余长度。

6）鱼尾板连接螺栓应紧固，垫板应固定牢靠。

7）轨道式基础应验收合格后，方可使用。

8）轨道式基础应修筑排水设施，排水设施应与基坑保持安全距离。

9）塔机的金属结构、轨道及电气设备的金属外壳，应有可靠接地装置，接地电阻应不大于 4Ω。

（3）内爬式塔机的初始安装基础可以与固定式塔机相同，直接安装于事先制作的塔机基础上，也可以与建筑物地下室底板为一体。但其位置一般在电梯井、核心筒或相应楼层的垂直投影位置，为以后塔机的直接爬升做好准备；也可以将塔机直接安装于电梯井、核心筒或相应楼层内的支撑钢梁（至少两道）上，以后塔机随着建筑物的上升而随之爬升（图 8-23）。

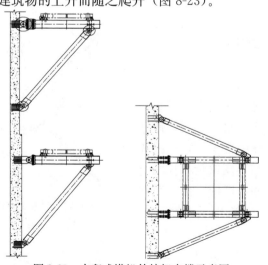

图 8-23　内爬式塔机外挂架支撑示意图

内爬式塔机基础（图8-24）应符合下列要求：

1）内爬式塔机的固定间隔应符合使用说明书要求。

2）爬升框架设置于建筑物结构位置的承载能力，须得到相关方确认。

3）起重机内爬升作业前、完成爬升后，应检查内爬升框架的固定，确保支撑梁的紧固以及有关临时支撑的稳固等，确认可靠后，方可进行吊装作业。

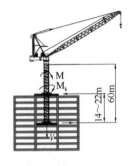

图 8-24　内爬（外挂）式塔机基础支撑

2. 塔机附着装置

（1）塔机的附着装置主要是由三根或四根撑杆、耳座、内撑杆（视情况而定，不是必需的）和一套环梁等组成，它主要是把塔机固定在建筑物的结构上，起着附着作用，使用时环梁套在标准节上，三根或四根撑杆与耳座铰接，耳座与建筑物锚固，撑杆应保持在同一水平面内（图 8-25、图8-26）。

附着框架是指为了与建筑

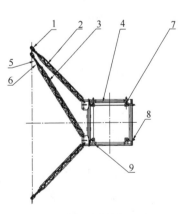

图 8-25　附着装置组成

1—连接耳座；2—外撑杆；3—内撑杆；

4—附着框；5—调整螺杆；6—螺母；

7—顶块；8—调整螺栓；9—销轴

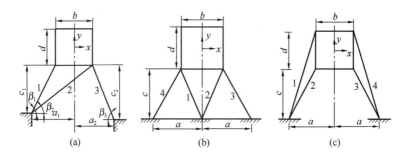

图 8-26 附着装置结构示意图
(a) 单侧三杆式附着支撑；(b) 单侧对称四杆式附着支撑；
(c) 双侧对称四杆式附着支撑

物锚固，在一定位置环塔身节固定的环梁。附着框架应与一定型号的塔机配备，由用户按相应安装高度向有相应制造资质的制造单位购买。而将附着框架与建筑物锚固件连接的装置，一般由用户自备。附着连杆要按附着反力、塔身上的扭矩、风荷载、塔身与建筑物锚固距离和位置计算杆或梁的截面，计算时要保证最不利组合产生的最大荷载。

附着撑杆的形式一般分为三杆和四杆两种。杆件有刚性杆、桁架或桁架与杆的组合。此外，还有与地面或建筑物筒壁用缆风绳锚固的形式。无论哪种形式，与地面或建筑物锚固的作用只能是承受工作和非工作状态时的荷载，减少塔身和基础所受到的荷载。

（2）附着架的安装与使用

1）先将附着框架套在塔身上，并通过两根内撑杆将塔身的四根主弦杆顶紧；通过销轴将附着撑杆的一端与附着框架连接，另一端与固定在建筑物上的连接耳座连接。

2）每道附着架的三根附着撑杆应尽量处于同一水平面上。在安装附着框架和内撑杆时，若与标准节的某些部位相干涉，可适当升高或降低内撑杆的安装高度。

3）附着撑杆上允许搭设供人从建筑物通向塔机的踏板，但必须要做好防护措施，且严禁在跳板上堆放重物。

4）安装附着装置时，应当用经纬仪检查塔身轴线的垂直度。空载，风速不大于 3m/s 状态下，最高附着点以上轴心线侧向垂直度允差为 4/1000，最高附着点以下轴心线侧向垂直度允差为 2/1000，允许用调节附着撑杆的长度来达到。

5）附着撑杆与附着框架，连接基座，以及附着框架与塔身、内撑杆的连接必须可靠。内撑杆应可靠地将塔身主弦杆预紧，各连接螺栓应紧固好。各调节螺栓调整好后，应将螺母可靠的拧紧。开口销应按规定充分张开，运行后应经常检查有否发生松动，并及时进行调整。

3. 塔机的稳定性

塔机的稳定性是指塔机在自重和外荷载的作用下抵抗倾翻的能力。塔机工作高度比较高、工作半径大，而支承结构尺寸相对较小，一旦失去稳定就会造成重大事故。所以，保持塔机的稳定性具有极其重要的意义。无论是上回转式塔机或下回转式塔机，保持塔机稳定性的原则就是稳定力矩一定要大于倾覆力矩。

（1）塔机使用过程中的稳定性

1）作业中如遇风速在 12m/s 及以上大风或阵风时，应立即停止作业，锁紧夹轨器，将回转机构的制动器完全松开，起重臂应能随风转动。对轻型俯仰变幅起重机，应将起重臂落下并与塔身结构锁紧在一起。

2）非工作状态时，必须松开回转制动器，塔机回转部分在非工作状态应能自由旋转。

3）严禁在塔机塔身上附加广告牌或其他标语牌。

4）严禁违章超载和斜吊作业。

（2）塔机安装拆卸过程中的稳定性

1）塔机在安装、拆卸、加节或降节作业时，塔机的最大安装高度处的风速不应超过 12m/s，当有特殊要求时，按用户和制造厂的协议执行。

2）在塔机安拆过程中，严格按照塔机说明书和专项施工方案的内容进行作业，尤其是在安装或拆卸起重臂、平衡臂和平衡重时，必须要保证稳定力矩超过倾覆力矩。

3）在塔机加节或降节作业时，必须要保持作业过程中的平衡。通过调整塔机变幅小车或动臂式塔机的仰角及其吊重所产生的平衡力矩来平衡作业过程中塔机上部结构的稳定性。作业过程中严禁回转。

第五节　安全装置的构造和工作原理

塔机的安全装置主要包括：起重量限制器、起重力矩限制器、起升高度限位器、幅度限位器、回转限位器、运行（行走）限位器、小车断绳保护装置、小车防坠落装置、钢丝绳防脱装置、风速仪、夹轨器、缓冲器（止挡装置）、清轨板和爬升装置防脱功能、制动器等。

1. 起重量限制器

起重量限制器是用来防止塔机作业时起升荷载超载的一种安全装置。《塔式起重机安全规程》GB 5144—2006 中规定：塔机应安装起重量限制器，如果设有起重量显示装置，则其数值误差不得大于实际值的±5％，当起重量大于相应挡位的最大额定值并小于额定值的 110％ 的时候，应切断起升机构上升方向的电源，但可作下降方向的运动（图 8-27）。

起重量限制器的作用：当起升荷载超过额定荷载时，起重量

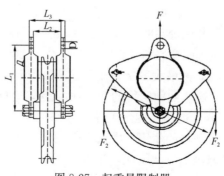

图 8-27　起重量限制器

限制器能输出电信号，及时切断起升控制回路，并能发出警报，达到防止塔机超载、保护塔机起升机构的目的。

目前最常用的起重量限制器的结构形式为测力环式，它是由测力环、导向滑轮及限位开关等部件组成。其特点是体积紧凑，性能良好以及便于调整。测力环的一端固定在塔机机构的支座上，另一端则固定在导向滑轮上。

测力环式起重量限制器的工作原理：塔机吊载重物时，滑轮受到钢丝绳合力作用时，将此力传给测力环，测力环的变形与荷载成一定的比例。根据起升荷载的大小，滑轮所传来的力大小也不同。测力环外壳随受力产生变形，测力环内的金属板条与测力环壳体固接，并随壳体受力变形而拉伸，此时根据荷载情况来调节固定在金属板条上的调节螺栓与限位开关距离，当荷载超过额定起重量使限位开关动作，从而切断起升机构的电源，达到对起重量超载进行限制的目的。

2. 起重力矩限制器

起重力矩限制器是塔机中重要的安全装置之一，主要用以防止塔机因超载而导致塔机整体倾覆。《塔式起重机安全规程》GB 5144—2006 中规定：塔机应安装起重力矩限制器。如设有起重力矩显示装置，则其数值误差不应大于实际值的±5%。起重力矩达到额定起重力矩的 90% 时，报警系统发出报警信号，提醒操作人员注意；当起重力矩大于相应工况下的额定值并小于该额定值的 110% 时，应切断起升机构上升和幅度增大方向的电源，但机构可作下降和减少幅度方向的运动。力矩限制器控制定码变幅的触点或控制定幅变码的触点应分别设置，且能分别调整。对小车变幅的塔机，其最大变幅速度超过 40m/min，在小车向外运行，且起重力矩达到额定值的 80% 时，变幅速度应自动转换为不大于 40m/min 的速度运行（图 8-28）。

起重力矩限制器的作用：塔机在使用中，超力矩是发生倾覆事故的主要原因之一。因此，起重力矩限制器是塔机必备的安全装置。起重力矩限制器起到限制塔机最大起重力矩的作

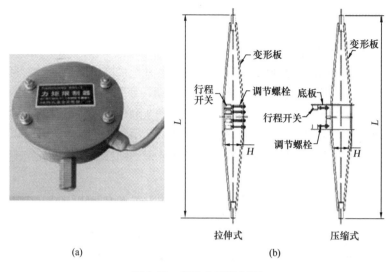

图 8-28 起重力矩限制器

（a）拉杆式起重力矩限制器；（b）弓板式起重力矩限制器

用，它可以防止塔机倾翻，保护塔机基础、塔身等钢结构不受破坏。

　　起重力矩限制器的保护对象是塔机。起重力矩限制器限位开关动作的信息，来源于钢结构的弹性变形。常见的起重力矩限制器包括拉杆式力矩限制器（图 8-28a）和弓形力矩限制器（图 8-28b），其中弓形力矩限制器是目前塔机上使用最为广泛的产品，下面分别对它们的工作原理进行阐述。

　　图 8-28（a）所示力矩限制器适用于塔帽式的塔机，它焊接在塔顶的后弦杆上。当吊重以后，塔顶的后弦杆延伸，力矩限制器的 L 尺寸伸长，H 尺寸缩短，当超过设定的起重力矩时，调节螺栓触及行程开关，使起升机构不能上升、变幅机构不能向前，达到限制起重力矩的作用。

　　图 8-28（b）所示力矩限制器适用于无塔帽的塔机，它焊接在平衡臂的上弦杆上。当吊重以后，平衡臂的上弦杆缩短，L 尺寸也相应缩短，H 尺寸增大，超过设定的起重力矩时，调节螺

栓触动行程开关，使起升机构不能上升，变幅机构不能向前，达到限制起重力矩的作用。

3. 起升高度限位器

起升高度限制器的作用是当吊物上升至最高极限位置时，自动切断起升机构的电源，卷筒停止转动，使吊物不再继续升高，避免吊钩与塔机臂架相撞。当吊物下降至最低极限位置时，自动切断起升机构的电源，卷筒停止转动，使吊物不再继续下降，以保证吊物不与最低位置异物相撞或保证钢丝绳在卷筒上的安全缠绕圈数不少于3圈。

起升高度限位器应满足以下要求：

（1）动臂变幅的塔机，当吊钩装置顶部升至对应位置起重臂下端的最小距离为800mm处时，应能立即停止起升运动，但应能下降运动。对没有变幅重物平移功能的动臂变幅的塔机，还应同时切断向外变幅控制回路电源。

（2）小车变幅的塔机，吊钩装置顶部升到小车架下端的最小距离为800mm处时，应能立即停止起升运动，但应有下降运动。

（3）所有形式的塔机，当钢丝绳松弛可能造成卷筒乱绳或反卷时应设置下限位器，在吊钩不能再下降或卷筒上钢丝绳只剩3圈时应能立即停止下降运动。

常用的起升高度限位器为传动式的，主要由减速装置和行程开关组成。一般安装在起升机构卷筒轴端，直接由卷筒带动，也可由固定于卷筒上的齿圈与小齿轮啮合来驱动。减速装置驱动若干个凸块，这些凸块作用于断路器，可切断其运动（图8-29）。

除常规使用的传动式起升高度限制器外，还有重锤式起升高度限制器，由于其结构上的限制，在使用过程中

图 8-29　起升高度限位器

存在安全隐患且不适宜目前塔机的发展应用，慢慢已被淘汰。随着电子技术的飞速发展，目前还出现了电位器式、光电式和行程开关式起升高度限制器。

4. 幅度限位装置

小车变幅的塔机，应设置小车行程限位开关和终端缓冲装置，限位开关动作后应保证小车停车时其端部距缓冲装置最小距离为 200mm；动臂变幅的塔机应设置臂架低位和臂架高位的幅度限位开关，以及防止臂架反弹后翻的装置。

5. 回转限位器

图 8-30　回转限位器

回转限位器是由带有减速装置的限位开关和小齿轮组成，固定在塔机回转上支座结构上，小齿轮与回转支承的大齿轮啮合。当回转机构驱动塔机上部挪动时，通过大齿圈带动回转限位器的小齿轮滚动，塔机的回转圈数即被记录下来，回转限位器的减速装置带动凸轮，凸轮上的凸块压下微动开关，从而切断回转电路的回路，结束回转运动（图8-30）。

对于回转部分不设集电器供电的塔机，应设置正反两个方向的回转限位开关，开关动作时臂架回转角度不应大于±540°，以防止电缆被扭绞和损坏。塔机回转部分在非工作状态下应能自由旋转，对于有自锁功能的回转机构，应安装安全极限力矩联轴器。

6. 运行（行走）限位器

轨道式塔机行走机构应在每个运行方向设置行程限位开关（运行（行走）限位器）。在轨道上应安装限位开关碰铁，其安装位置应充分考虑塔机的制动行程，保证塔机在与止挡装置或与同一轨道上其他塔机相距大于 1m 处能完全停住（图8-31）。

7. 小车断绳保护装置和小车防坠落装置

小车变幅塔机应设置双向小车变幅断绳保护装置。

图 8-31　行走机构限位装置

塔机应设置小车防坠落装置，即使车轮失效，小车也不得脱离臂架坠落。装置应在失效点下坠 10mm 前作用。

8. 钢丝绳防脱装置

滑轮、起升卷筒及动臂变幅卷筒均应设有钢丝绳防脱装置，该装置与滑轮或卷筒侧板最外缘的间隙不应超过钢丝绳直径的 20%。此外，吊钩上也应设置防钢丝绳脱钩的装置。

9. 爬升装置防脱功能

自升式塔机应具有防止塔身在正常加节、降节作业时，顶升横梁从塔身支承中自行脱出的装置。

10. 风速仪

起重臂根部铰点高度大于 50m 的塔机，均应配备风速仪，风速仪应装设在塔机顶部的不挡风处。当风速大于工作极限风速时，应能发出停止作业的警报。

11. 夹轨器

轨道式塔机应安装夹轨器，使塔机在非工作状态下不能在轨道上移动（图 8-32）。

12. 缓冲器、止挡装置

塔机行走和小车变幅的轨道末

图 8-32　行走机构夹轨器

端均需设置缓冲器和止挡装置。当行走机构或变幅小车的幅度限制装置失效而使行走机构或小车超过允许的行走位置时，为防止行走机构冲出轨道或小车滑出起重臂、小车撞击塔机与起重臂连接而特别设置的最后一道屏障，缓冲器安装在止挡装置或塔机（变幅小车）上，当塔机（变幅小车）与止挡装置撞击时，缓冲器应使塔机（变幅小车）比较平稳地停车而不产生猛烈的冲击，止挡装置则为刚性阻拦结构（图8-33）。

(a)

(b)

图8-33　缓冲器和止挡装置

（a）缓冲器；（b）止挡装置

13. 清轨板

轨道式塔机的行走机构上应安装排障清轨板，清轨板与轨道之间的间隙不应大于5mm。

14. 制动器

塔机起升机构中支持制动器是用来将起吊的物品保持悬空状态，应由机械式支持制动器产生支持制动作。起升机构的每一套独立的驱动装置至少要装设一个支持制动器，该支持制动器应是常闭式的，制动轮（盘）应装在传动机构刚性联结的轴上。起升机构的减速制动可由机械式支持制动器兼任完成，也可以由电气制动器完成，可分别设置支持制动与减速制动，电气制动只用于减速制动，不能应用于支持制动和安全制动。对于安全性要求特别高的起升机构，为避免起升机构的支持制动器失效及减少因传动链损坏而引发的事故，应在传动链末端（钢丝绳卷筒）上装设机械式支持制动器作安全制动器用。

塔机行走机构装设支持制动器的作用一般就是为了实现减速制动，并使停下的塔机在作业时行走机构能保持不动。

在塔机回转机构最不利工作状态和最大回转半径时，其制动器应能使回转部分停止，且还应能使已停住的回转部分在工作中保持定位不动。如果采用常闭式制动器，则宜先减速后制动。动臂变幅机构应至少装设一个机械式支持制动器，应设有可由操作人员或超速开关控制的、直接作用于传动链末端（钢丝绳卷筒）的安全制动器；小车变幅机构的制动器的制动力矩加上运行摩擦力转矩应能使处于不利情况下的变幅小车在要求的时间内停住，宜采用常闭式制动器，且先减速后制动。

（1）制动器按其工作状态可分为：

1）常开式，制动器经常处于松闸状态，当需要制动时通过外力上闸制动。

2）常闭式，制动器经常处于闭闸状态，当机构需要工作时，借外力强行使制动器松闸。

3）综合式，制动器在通电工作情况下为常开状态，可通过操作系统随意进行制动。在断电不工作时，制动器上闸成为常闭状态。塔机的起升和变幅机构中一般常采用闭式制动器，以保证工作安全可靠。而回转机构和行走机构中则多采用常开式制动器和综合式制动器，以达到工作平稳。

（2）制动器按其构造形式又可分为：

1）带式制动器，如图 8-34（a）所示。带式制动器结构简单、紧凑，制动力矩大，可安装在低速轴并使起重机的机构布置更紧凑，主要用在自行式起重机中。缺点是制动时制动轮轴上产生较大的弯曲荷载，制动带磨损不均匀。

2）鼓式制动器，如图 8-34（b）所示。鼓式制动器构造简单，工作可靠，两个对称的瓦块磨损均匀，制动力矩大小与旋转方向无关，制动轮轴不受弯曲作用。但制动力矩较小，宜安装在高速轴上，与带式制动器相比，其构造尺寸较大，目前在塔机中应用较为普遍。

3）盘式制动器，如图 8-34（c）所示。盘式制动器与鼓式制动器构造相类似，只不过鼓式制动器制动瓦块抱住的是轮毂，而盘式制动器制动瓦块夹住的则是制动盘，制动轮轴受到很大弯曲作用，目前在塔机中应用较为普遍。

4）碟式制动器，如图 8-34（d）所示。碟式制动器为多碟式制动器，上闸力为轴向压力，制动平稳，制动轮轴不受弯曲作用，可用较小的轴向压力产生较大的制动力矩，能使起重机的机构布置更为紧凑。目前在塔机上应用较多。

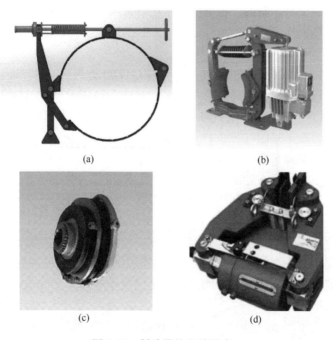

(a) (b) (c) (d)

图 8-34　制动器的几种形式
（a）带式制动器；（b）鼓式制动器；（c）碟式制动器；（d）盘式制动器

第九章　塔式起重机的安装与拆卸

第一节　安装、拆卸的程序与方法

按前面内容所述，塔机有很多种分类，施工现场对塔机的选择和使用要求也是千差万别，所以具体到塔机的安装拆卸程序和方法没有统一标准，但所有塔机的安装拆卸、顶升加节、降节的基本程序是一致的。根据国内常用塔机的类型，本章分别对塔帽式塔机、平头式塔机两种最常见形式的塔机的安装拆卸程序和方法进行介绍。

1. 塔帽式塔机的安装拆卸（以 QTZ80 为例）

（1）固定式基础要求

QTZ80 塔机固定式基础采用预埋支腿（或地脚螺栓）整体钢筋混凝土基础（图 9-1），混凝土强度等级不小于 C35，基础土质要求坚固牢实，且承载压力不小于 0.2MPa，固定支腿上表面应校水平，平面度误差为 1/1000。

固定式基础的制作及安装过程：

① 基础开挖至老土（基础承载力必须达到 0.2MPa，如果不符合要求，须重新设计基础）找平，浇筑 100mm 左右厚混凝土垫层，绑扎钢筋，固定基础埋件，周边配模或砌砖胎膜后再进行浇筑混凝土，基础周围地面需低于混凝土表面 100mm 以上以利排水（图 9-2）。

② 四组地脚螺栓（16 根）相对位置必须准确、保证螺栓垂直度及露出高度，可采用专用定位框固定。

③ 当钢筋捆扎到一定程度时，将装配好的固定支腿和基础节整体吊入钢筋网内，也可采用预埋支腿定位框对支腿进行定位

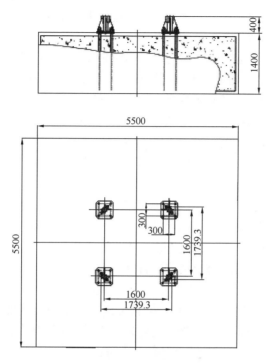

图 9-1 预埋支腿混凝土固定基础

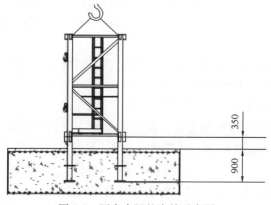

图 9-2 固定支腿的浇筑示意图

固定，固定时须调整好露出高度、塔身垂直度或顶面水平度，在预埋支腿固定的基础节的两个方向中心线上挂铅垂线，保证预埋支腿固定的基础节中心线与水平面的垂直度不大于1/1000。

④ 固定支腿、地脚螺栓周围的钢筋数量不得减少且不得切断；主筋通过支腿有困难时，允许主筋避让。

⑤ 地脚螺栓基础安装底座位置，必须保证水平，四个底座位置之间的水平度误差小于1/1000。

⑥ 允许在固定基础节与支腿之间、底座与基础之间加垫片，垫片面积必须大于垫板面积的90%。

⑦ 基础混凝土必须充分振捣密实，预留试块。

拧紧地脚螺栓时，不允许用大锤敲打扳手及地脚螺栓。地脚螺栓、预埋支腿只能使用一次，不允许重复使用，做好接地。

（2）塔机主机部分的安装拆卸

1）安装前的准备工作

① 技术准备：安装前根据相关标准规范和施工现场的情况编制施工方案，在施工作业前做好相应的安全、技术交底工作。

② 安装机具和检测器具等的准备：

a. 汽车吊或其他用于安装拆卸作业的起重设备，应满足起升高度、起升幅度、最大起重量的要求并安全可靠。

b. 吊装作业用的钢丝绳、卸扣等吊具的安全系数不小于8。

c. 配备塔机安装拆卸计划规定的器械、安全防护用品和指挥联络工具。

d. 配备塔机安装拆卸计划规定的检测器具，所使用的检测器具应在检定有效期内。

③ 安装前的检查

a. 对塔机的基础部分（固定式混凝土基础、底架固定式基础及底架行走机构等）进行检查，保证其符合进行下一步安装的要求。

b. 对运抵施工现场的塔机部件进行检查，保证所有部件无严重锈蚀、变形和裂纹。

c. 对塔机的起升机构、回转机构、变幅机构、顶升机构及电气控制系统进行检查，确保做过转场保养，润滑油、齿轮油及液压油加注到位，安全装置、电线电缆完好无损。

d. 保证其他必要的检查项符合要求。

2) 塔机主机部分的安装工艺流程（表9-1）：

塔机主机部分的安装工艺流程 表 9-1

步骤	内容
第1步	安装塔身节
第2步	安装爬升套架（含结构、顶升机构、顶升横梁、平台等）
第3步	安装下支座、回转支承、上支座及回转机构组件
第4步	安装塔帽总成
第5步	安装平衡臂总成
第6步	安装平衡臂拉杆
第7步	吊装一块2.33t重的平衡重
第8步	安装司机室
第9步	地面组装起重臂及拉杆总成
第10步	安装起重臂总成
第11步	配装平衡重（余下的配重）
第12步	穿绕起升钢丝绳及吊钩
第13步	塔机调试、试运转
第14步	顶升加节
第15步	塔机安装后自检
第16步	塔吊空载及负荷运行试验
第17步	塔机安装检验合格交付使用

3) 塔机安装的具体方法

① 安装塔身节

固定式基础塔机在最大独立状态下共有16节塔身节，从下向上为：1节基础节、15节标准节；底架固定式塔机塔身节在最大独立状态下共有16节塔身节，从下向上为：1节基础节、1节底架节、14 节标准节。塔身节内有供人上下的爬梯及休息平台（图 9-3）。

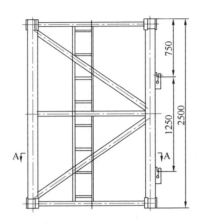

A–A(除去平台)剖面

图 9-3　塔身节

由于基础节（底架节）在塔机基础制作安装时已配合安装完毕，所以这里开始吊装第二个塔身节：

a. 吊起 1 节标准节，注意严禁吊在水平斜腹杆上，将这节标准节吊装到安装在固定基础上的基础节上，用 8 个 10.9 级高强度螺栓连接牢固，并注意踏步的方向，应将有踏步的两根主弦杆组成的平面垂直于建筑物。

b. 再吊装 1 节标准节，用 8 个 10.9 级高强度螺栓连接牢固；此时基础上已有 2 节塔身节。

c. 所有高强度螺栓的预紧扭矩应达到 1400N·m，每根高强度螺栓均应装配一个垫圈和二个螺母，并拧紧防松。双螺母中防松螺母预紧扭矩应稍大于或等于 1400N·m。

d. 用经纬仪或吊线法检查垂直度，主弦杆四侧面垂直度误差应不大于 1.5/1000。

② 吊装爬升架

爬升架主要由套架结构、平台、爬梯及液压顶升系统、塔身节引进装置等组成，塔机的顶升安装主要靠此部件完成。顶升油缸安装在爬升架后侧的横梁上（即预装平衡臂的一侧），液压泵站放在液压缸一侧的平台上，爬升架内侧有 8 个滚轮，顶升时滚轮支于塔身主弦杆外侧，起导向作用。爬升架中部及上部位置均设有平台，顶升时，工作人员站在平台上，操纵液压系统引入标准节，固定塔身螺栓，实现顶升（图 9-4）。

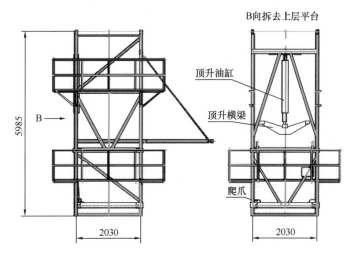

图 9-4　吊装爬升套架

a. 将爬升架组装完毕后，将其吊具挂在爬升架上，拉紧钢丝绳吊起。切记安装顶升油缸的位置必须与塔身踏步同侧。

b. 将爬升架缓慢套装在标准节外侧。

c. 将爬升架上的活动爬爪放在塔身节的第 2 节（从下往上数）下部的踏步上。

d. 安装顶升油缸，将液压泵站吊装到平台一角，接油管，检查液压系统的运转情况。

③ 安装回转总成

回转总成包括下支座、回转支承、上支座、回转机构共四部分。下支座下部分别与塔身节和爬升架相连，上部与回转支承通过高强度螺栓连接。上支座一侧有安装回转机构的法兰盘及维修平台，另一侧有安装回转机构的法兰及司机室平台，前方设有安装回转限位器的支座。用 ϕ50 的销轴将上支座与塔帽连成一个整体（图 9-5）。

a. 检查回转支承上 8.8 级 M27 的高强度螺栓的预紧力矩是否达到 640N·m，且防松螺母的预紧力矩稍大于或等于 640N·m。

b. 将吊具挂在上支座 ϕ50 的销轴上，将回转总成吊起。

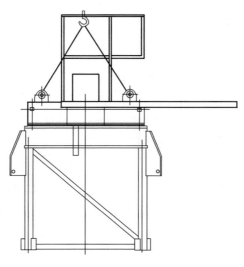

图 9-5　安装回转总成

c. 使下支座与爬升架四角的标记对齐。下支座的 8 个连接套对准标准节四根主弦杆的 8 个连接套，缓慢落下，将回转总成放在塔身顶部。

d. 用 8 个 10.9 级的 M30 高强度螺栓将下支座与标准节连接牢固（每个螺栓使用双螺母拧紧防松），螺栓的预紧力矩应达 1400N·m，双螺母中防松螺母的预紧力矩稍大于或等于 1400N·m。

e. 操作顶升系统，将油缸伸长，使顶升横梁销轴落入到最上面一个塔身节的踏步圆弧槽内，再将爬升架顶升至与下支座连接耳板销孔对正，用 4 根销轴将爬升架与下支座连接牢固。

④ 安装塔帽

塔帽为四棱锥形结构，顶部有平衡臂拉板架和起重臂拉杆并设有工作平台，以便于安装各拉杆；塔帽上部设有起重钢丝绳导向滑轮和安装起重臂拉杆用的导向滑轮，塔帽后侧主弦下部设有力矩限制器并设有带防护圈的扶梯通往塔帽顶部（图9-6）。

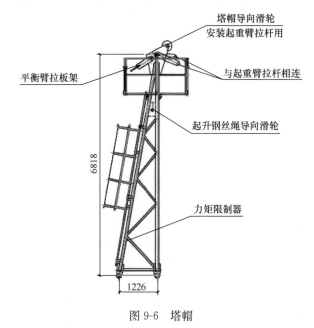

图 9-6　塔帽

a. 吊装前在地面上先把塔帽上的平台、栏杆、扶梯及力矩限制器装好。

b. 将塔帽吊到上支座上，塔帽垂直的一侧应对准上支座的起重臂方向（图9-7）。

c. 用4个ϕ50销轴将塔帽与上支座紧固。

⑤ 装平衡臂总成

平衡臂是槽钢及角钢组焊成的结构，平衡臂上设有栏杆、走道和工作平台，平衡臂的前端用两根销轴与上支座连接，另一端则用两根组合刚性拉杆同塔帽连接。平衡重、起升机构安装在平衡臂尾部，电阻箱、电气控制箱布置在靠近塔帽的一侧（图

9-8）。起升机构本身有其独立的底架，用销轴、开口销连接在平衡臂上。

a. 在地面将起升机构、电控箱、电阻箱、平衡臂拉杆装在平衡臂上并固接好。回转机构接临时电源，将回转支承以上部分回转到便于安装平衡臂的方位。

b. 吊起平衡臂，如图 9-9 所示（平衡臂上设有 4 个安装吊耳）。

c. 用销轴将平衡臂前端与上支座固定连接好。

d. 连接平衡臂拉杆，将平衡臂缓慢抬高，使平衡臂拉杆与塔帽上平衡臂拉杆相连，用销轴连接，穿好开口销充分并张开开口销。

e. 缓慢地将平衡臂放下，再吊装一块 2.33t 重的平衡重安装在平衡臂最靠近起升机构的安装位置上。

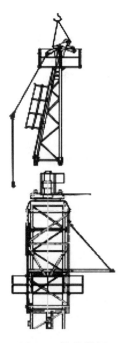

图 9-7　吊装塔帽

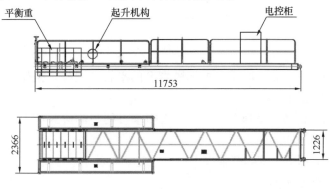

图 9-8　平衡臂总成

⑥ 安装司机室

司机室为薄板结构，侧置于上支座右侧平台的前端，四周均有大面积的玻璃窗，前上窗可以开启，视野开阔。司机室内壁用

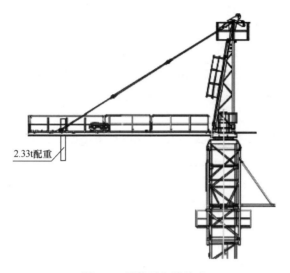

图 9-9　吊装平衡臂总成

宝丽板装饰，美观舒适，内设有联动操纵台。

司机室内的电气设备安装齐全后，吊到上支座靠右平台的前端（图 9-10），对准耳板孔的位置后用 3 个销轴连接。

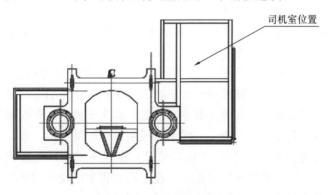

图 9-10　司机室安装位置图

⑦ 安装起重臂总成

起重臂为三角形变截面的空间桁架结构，共分为 8 节。节与节之间用销轴连接，拆装方便。第 1 节根部与上支座用销轴连接，在第 2 节、第 5 节上设有两个吊点，通过这两点用起重臂拉杆与塔帽连接；第 1 节中装有牵引机构，载重小车在牵引机构的牵引下，沿起重臂下弦杆前后运行。载重小车一侧设有检修吊篮，便于塔机的安装与维修（图 9-11）。

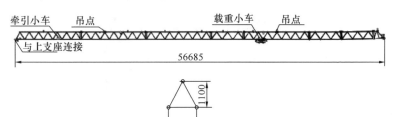

图 9-11　起重臂总成

　　a. 在地面组装起重臂总成，并将载重小车套在起重臂下弦杆的导轨上。组装好的起重臂用支架支承在地面时，严禁为了穿绕小车牵引钢丝绳的方便仅支承两端，全长内支架不应少于 5 个，且每个支架应均匀受力，为了方便穿绕钢丝绳，允许分别支承在两边主弦杆下。

　　b. 将维修吊篮紧固在载重小车上，并使载重小车尽量靠近起重臂根部最小幅度处。

　　c. 安装好起重臂根部处的牵引机构，卷筒绕出两根钢丝绳，其中一根短绳通过臂根导向滑轮，固定于载重小车后部，另一根长绳通过起重臂中间及头部导向滑轮，固定于载重小车前部。在载重小车后部有 3 个绳卡，绳卡压板应在钢丝绳受力一边，绳卡间距为钢丝绳直径的 6～9 倍。如果长钢丝绳松弛，调整载重小车的前端的张紧装置即可张紧。在使用过程中出现短钢丝绳松弛时，也可调整该张紧装置将其张紧（图 9-12）。

　　d. 起重臂的拉杆按要求拼装好后与起重臂上的吊点用销轴连接，穿好开口销，放在起重臂上弦杆的定位托架内。

　　e. 检查起重臂上的电路走线是否完善。使用回转机构的临

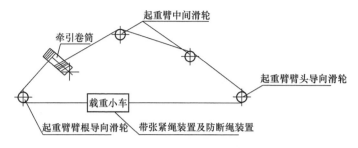

图 9-12　小车牵引机构穿绳示意图

时电源将塔机上部结构回转到便于安装起重臂的方位。

　　f. 按图 9-13 所示挂绳，试吊是否平衡，如果不平衡，可适当移动挂绳或小车位置（记录下吊点位置便于拆卸塔机时用）。起吊起重臂总成至安装高度，用销轴将起重臂根部与上支座连接固定。

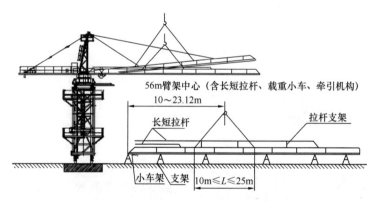

图 9-13　起重臂总成的组装和吊装示意图

　　g. 接通起升机构的电源，放出起升钢丝绳，按图 9-14 所示缠绕钢丝绳。用汽车吊稍微抬高起重臂的同时开动起升机构向上，直至起重臂拉杆靠近塔顶拉板，将起重臂长、短拉杆分别与塔顶拉板Ⅰ、Ⅱ用销轴连接，并穿好开口销。松弛起升机构钢丝绳，把起重臂缓慢放下。

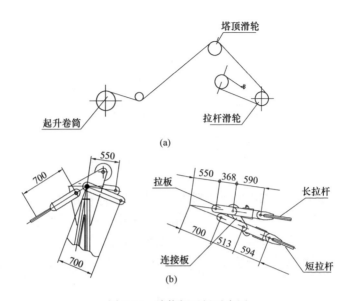

图 9-14 缠绕钢丝绳示意图

（a）安装起重臂拉杆时起升钢丝绳的绕法；

（b）与起重臂拉杆连接处的塔帽结构

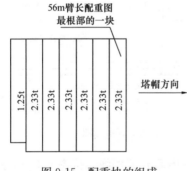

图 9-15 配重块的组成

h. 使拉杆处于拉紧状态，最后松脱滑轮组上的起升钢丝绳。

⑧ 配装平衡重

平衡重的重量随起重臂长度的改变而改变。平衡臂的配置及安装位置严格按要求安装。本次安装臂长 56m，配备平衡重如图 9-15 所示。

⑨ 接电源及穿绕钢丝绳

吊装完毕后，进行起升机构钢丝绳的穿绕。起升钢丝绳由起升机构卷筒放出，经机构上排绳滑轮，绕过塔帽起升钢丝绳滑轮向下进入塔顶上起重量限制器滑轮，向前再绕到载重小车和吊钩滑轮组，最后将绳头通过绳夹，用销轴固定在起重臂头部的防扭装置上。如图9-16所示。

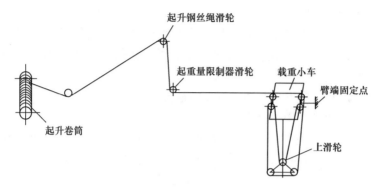

图9-16　起升机构钢丝绳穿绕示意图

⑩ 试运转

当整机按前面的步骤安装完毕后，在无风状态下，检查塔身轴心线对支承面的垂直度，允许偏差4/1000；再按电路图的要求接通所有电路的电源，试启动各机构进行运转。检查各机构运转是否正常，同时检查各处钢丝绳是否处于正常工作状态，是否与结构件有摩擦，所有不正常情况均应排除。如果安装完毕就要使用塔机工作，则必须按要求调整好安全装置。

4）顶升加节

① 准备工作

a. 检查液压泵站油位，检查爬升装置的防脱功能是否有效。

b. 清理好各个塔身节，在塔身节连接套内涂上黄油，将待顶升加高用的标准节在顶升位置时的起重臂下排成一排，这样能使塔机在整个顶升加节过程中不用回转机构，能使顶升加节过程所用时间最短。

c. 放松电缆长度略大于总的顶升高度，并紧固好电缆。

d. 将起重臂旋转至爬升架前方，平衡臂处于爬升架的后方（顶升油缸必须位于平衡臂下方）。

e. 爬升架平台上准备好塔身高强度螺栓。

f. 检查、调试并确认顶升机构工作正确、可靠，保证爬升架能按塔机爬升规定的程序上升、下降、可靠停止；运行过程中应平稳，无爬行、振动现象。

g. 检查爬升架支承系统，确保各部分运动灵活，承重可靠。

h. 液压顶升机构应保证安全，溢流阀的调整压力不得大于系统额定工作压力的110%。

i. 检查爬升架与回转下支座是否已可靠连接。

② 顶升前塔机的配平

a. 塔机配平前，必须先将载重小车运行到配平参考位置（参照使用说明书要求），并吊起一节标准节（顶升时必须根据实际情况的需要调整），然后拆除下支座4个支腿与标准节的连接螺栓（须先确认爬升架与回转下支座已可靠连接）。

b. 将液压顶升系统操纵杆推至"顶升"方向，使爬升架顶升至下支座支腿刚刚脱离塔身的主弦杆的位置。

c. 通过检验下支座支腿与塔身主弦杆是否在一条垂直线上，并观察爬升架8个导轮与塔身主弦杆间隙是否基本相同来检查塔机是否平衡。略微调整载重小车的配平位置，直至平衡。必须使得塔机上部重心落在顶升油缸梁的位置上。

d. 记录载重小车的配平位置。但要注意该位置随起重臂长度不同而改变。

e. 检查平衡阀是否正常，操纵液压系统使爬升架下降，连接好下支座和塔身节间的连接螺栓。

③ 爬升作业（图9-17）

a. 吊起一节标准节到爬升架引进平台上方，安装4个引进滚轮，标准节搁放在爬升架引进平台上。

b. 再吊一节标准节，将载重小车开至顶升平衡位置。

c. 打开回转机构上的回转制动器，将回转机构处于制动状态。

d. 卸下塔身顶部与下支座连接的8个高强度螺栓。

e. 开动液压顶升系统，使油缸活塞杆伸出，将顶升横梁两

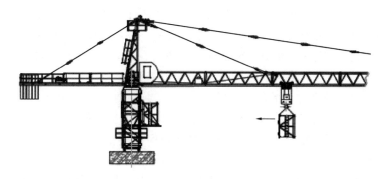

图 9-17 塔机顶升示意图

端的销轴落入距顶升横梁最近的塔身节踏步的圆弧槽内（要设专人负责观察顶升横梁两端销轴都必须落入踏步圆弧槽内，将防脱功能装置固定），确认无误后继续顶升，将爬升架及以上部分顶起 10～50mm 时停止。检查顶升横梁等爬升架传力部件是否有异响、变形，油缸活塞杆是否有自动回缩等异常现象，确认正常后，继续顶升；顶升略超过半个塔身节高度并使爬升架上的活动爬爪滑过一对踏步并自动复位后，停止顶升，并回缩油缸。确认两个活动爬爪全部准确地压在踏步顶端的圆弧槽内并承受爬升架及其以上部分的重量，且无局部变形、异响等异常情况后，防脱功能装置收回，将油缸活塞杆全部缩回，提起顶升横梁，重新使顶升横梁顶在向上一对踏步的圆弧槽内，防脱功能固定，再次伸出油缸活塞杆，将塔机上部结构再顶起略超过半个塔身节高度，此时塔身上方具有能装入一个塔身节的空间，将爬升架引进梁上的标准节拉进至塔身正上方，稍微缩回油缸活塞杆，将新引进的标准节落在塔身顶部并对正，拆下引进轮。用 8 个 M30 的高强度螺栓（每个高强度螺栓必须有 2 个螺母）将上、下标准节连接牢靠（预紧力矩 1400N·m）。销轴收回后，继续缩回油缸，将下支座降至新的塔身顶部上，并对正，用 8 个 M30 高强度螺栓将下支座与塔身连接牢靠（每个高强度螺栓必须有 2 个螺母），即完成一节标准节的加节工作。若连续加几节标准节，则可按照以上步骤重复几次即可。在缩回油缸活塞杆之前，可在下支座四角的螺栓孔内从上往下插入 4 个（每角一根）螺栓，调节爬升架与标准节之间的距离，待下支座与塔身顶部连接螺栓孔对准后，再收回油缸，将下支座落下。

④ 顶升过程的注意事项

a. 塔机最高处风速大于 12m/s 时，不得进行顶升作业。

b. 塔机的爬升机构，其爬升作业时应确保爬升架上支承在塔身上的受力部位与塔身顶升支承部位应可靠定位和结合。并应及时查看顶升支承部位焊缝情况，若有异常情况应排除后才能继续进行爬升作业。

c. 顶升过程中必须保证起重臂与引入标准节方向一致，并利用回转机构制动器将起重臂制动住，载重小车必须停靠在顶升配平位置。

d. 若要连续加高几节标准节，则每加完一节后，用塔机自身起吊下一节标准节前，塔身 4 个主弦杆和下支座必须有 8 个 M30 的螺栓连接，唯有在这种情况下，允许这 8 个螺栓每根只用 1 个螺母。

e. 所加标准节上的踏步，必须与已有塔身节对正。

f. 在下支座与塔身没有用 M30 螺栓连接好之前，严禁起重臂回转、载重小车变幅和吊装作业。

g. 在顶升过程中，若液压顶升系统出现异常，应立即停止顶升，收回油缸活塞杆，将下支座降至在塔身顶部，并用 8 个 M30 高强度螺栓将下支座与塔身连接牢靠后，再排除液压系统的故障。

h. 塔机加节达到所需工作高度（但不超过独立高度）后，应旋转起重臂至不同的角度，检查塔身各接头处、基础放脚处螺栓的拧紧问题（哪一根主弦杆位于平衡臂正下方时就把这根主弦杆从下到上的所有螺母拧紧，上述连接处均使用双螺母防松）。

⑤ 顶升防脱装置的使用方法

防脱装置由两部分组成（图 9-18），一是顶升横梁上的插销，二是标准节踏步的防脱插销孔，其使用方法如下：

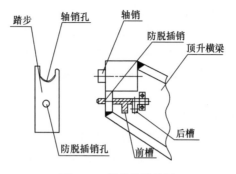

图 9-18　顶升防脱装置

a. 塔机开始顶升加节或降塔减节时，顶升横梁的销轴搁置在标准节的圆弧槽内，须将顶升横梁的防脱销插入标准节的防脱销孔内，且固定在前槽内。

b. 在完成一个顶升步骤、顶升横梁要脱离标准节踏步时，须先将防脱销轴退出标准节防脱销孔，固定在后槽内。

5）塔机的拆卸

① 塔机拆卸前准备工作参照塔机安装部分。

② 拆卸注意事项：

a. 顶升机构由于长期停止使用，塔机拆塔之前，应对各机构特别是顶升机构进行保养和试运转。

b. 在试运转过程中，应有目的地对限位器，回转机构的制动器等进行可靠性检查。

c. 在塔机标准节已拆出，但下支座与塔身还没有用 M30 高强度螺栓连接好之前，严禁使用回转机构、牵引机构和起升机构。

d. 塔机拆卸对顶升机构来说是重载连续作业，所以应经常检查顶升机构的主要受力件。

e. 顶升机构工作时，所有操作人员应集中精力观察各相对运动件的相对位置是否正常（如滚轮与主弦杆之间，爬升架与塔身之间），是否有阻碍爬升架运动（特别是下降运动时）的物件。

f. 拆卸时最高处风速应低于 12m/s。由于拆卸塔机时，建筑物已建完，工作场地受限制，应注意工作程序和吊装堆放位置，不可马虎大意，否则容易发生人身安全事故。

g. 拆卸下支座与塔身连接螺栓前，必须确认下支座与爬升架已可靠连接。

③ 拆塔的具体程序

将塔机旋转至拆卸区域，保证该区域无影响拆卸作业的任何障碍，进行塔机拆卸。其步骤与立塔组装的步骤相反。拆塔具体程序如下：

a. 降塔身标准节（如有附着装置，相应地也拆卸）。

b. 拆下平衡臂配重（留一块 2.33t 的配重）。

c. 起重臂的拆卸。

d. 拆卸一块 2.33t 的配重。

e. 平衡臂的拆卸。

f. 拆卸司机室（亦可待与回转总成一起拆卸）。

g. 拆卸塔帽。

h. 拆卸回转总成。

i. 拆卸爬升架及塔身。

j. 拆卸底架（如已配备）。

④ 塔机拆卸的具体方法

a. 拆卸塔身

（a）将起重臂回转到引进方向（爬升架中有开口的一侧），使回转制动器处于制动状态，然后用载重小车调整平衡，使载重小车停在配平位置（与立塔顶升加节时载重小车的配平位置一致），此时，方可开始拆卸工作。

（b）伸出顶升油缸活塞杆，将顶升横梁顶在从上往下数第三个踏步的圆弧槽内，插好防脱销，将上部结构稍稍顶起，把下支座与爬升架连接耳板销孔对正，打入销轴，并装好开口销。

（c）拆掉最上面塔身标准节与下支座的连接螺栓，稍稍向上顶升，并保证安全可靠；然后拆掉最上面的塔身标准节与下一节标准节的连接螺栓，并在四角安装引进轮。

（d）继续顶升至最上面标准节与下方标准节脱开，把标准节推出爬升架并支稳（推出时不可用力过猛，以免标准节冲出引进梁而倾翻，造成事故）。

（e）扳开活动爬爪，回缩油缸活塞杆，让活动爬爪避开距它最近的一对踏步后，复位放平，继续下降至活动爬爪支承在下一对踏步上并支承住上部结构后，退出防脱销，再回缩油缸活塞杆至顶升横梁从踏步上移开。

（f）伸出油缸活塞杆，将顶升横梁顶在下一对踏步上，插好防脱销，稍微顶升至爬爪翻转时能避开原来支承的踏步后停止，拨开爬爪，回缩油缸，至下一标准节与下支座相接触时为止，若连接套螺栓孔错位，可用随机爬升架调节工具调节到位（严禁用载重小车调节或打回转调整）。

（g）将下支座与塔身标准节之间用 8 个高强度螺栓紧固牢靠，用吊钩将标准节吊至地面。在爬升架的下落过程中，当爬升架上的活动爬爪通过塔身标准节主弦杆踏步和标准节连接螺栓时，需用人工翻转活动爬爪，同时派专人看管顶升横梁和导轮，观察爬升架下降时有无被障碍物卡住的现象。以便爬升架能顺利下降。

（h）重复上述动作，将塔身标准节依次拆下，将塔身拆卸至相应高度后再进行下一步动作。

b. 拆卸平衡重

（a）将载重小车固定在起重臂某一位置（安装时起吊的平衡位置），借助辅助吊车拆卸平衡重。

（b）按装配重的相反顺序，将各块配重依次卸下。仅留下一块 2.33t 的平衡重块。

c. 起重臂的拆卸

（a）放下吊钩至地面，拆开起重钢丝绳与起重臂前端上的防扭装置的连接，开动起升机构，回收钢丝绳，穿绕拉杆滑轮组钢丝绳。

（b）根据安装时的吊点位置挂绳。

（c）轻轻吊起起重臂成一角度后，慢慢启动起升机构，使起重臂拉杆在本身自重作用下处于放松状态；拆去起重臂拉杆与塔顶拉板的连接销，放下拉杆至起重臂拉杆支架内并固定；拆去拉杆滑轮组钢丝绳，并全部回收，拆掉起重臂与上支座的连接销。

（d）放下起重臂，并放在预先准备的支架上，拆散起重臂及拉杆。

d. 平衡臂的拆卸

将平衡重块全部吊下，然后通过平衡臂上的四个安装吊耳吊起平衡臂，使平衡臂拉杆处于放松状态，拆下拉杆连接销轴。然后拆掉平衡臂与上支座的连接销，将平衡臂平稳放至地面上。

e. 拆卸司机室

f. 拆卸塔帽

g. 拆卸回转总成

在上支座 4 个 $\phi 50$ 销轴孔安装牢固吊具，拆掉下支座与塔身的连接螺栓，伸长顶升油缸活塞杆，将顶升横梁轴销落入踏步的圆弧槽内，拆掉下支座与爬升架的连接销轴，回缩顶升油缸，将爬升架的爬爪支承在塔身上，再用吊索将回转总成吊起卸下。

h. 拆走爬升架及塔身标准节

（a）吊起爬升架，缓缓地沿标准节主弦杆吊出，放至地面。

（b）依次吊下各节标准节。

i. 拆走底架总成

拆卸方法与底架安装方法相反。

2. 平头式塔机的安装拆卸（以 XGT7532-20S 为例）

（1）塔机的基本情况

1）独立固定式（图 9-19）

2）塔机主要部件组成，见表 9-2。

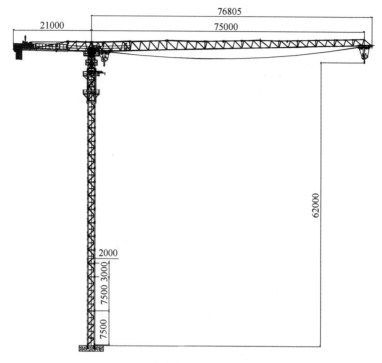

图 9-19 独立固定式平头塔机外形尺寸图

塔机主要部件组成   表 9-2

	部件组成				
1	平衡臂	9	爬升架	17	起重量限制器
2	平衡臂拉杆	10	塔身	18	司机室
3	起重臂	11	通道	19	液压系统
4	小车	12	固定基础	20	起升机构
5	吊钩	13	平衡重	21	变幅机构
6	回转总成	14	电气控制系统	22	回转机构
7	特殊节总成	15	力矩限制器		
8	引进装置	16	回转支承		

3）整机性能参数，见表9-3。

整机性能参数　　　　　表9-3

整机工作级别		A4				
机构工作级别	起升机构	M4				
	回转机构	M5				
	变幅机构	M3				
起升高度（m）	倍率	固定		附着式		
	$\alpha=2$	62		305		
	$\alpha=4$	62		150		
额定起重力矩	（t·m）	315				
最大起重量	（t）	20				
幅度（m）	最大幅度（m）	75				
	最小幅度（m）	3.5				
起升机构	倍率	$\alpha=2$			$\alpha=4$	
	起重量（t）	2.5	5	10	5	10	20
	速度（m/min）	0~90	0~63	0~45	0~45	0~31.5	0~22.5
回转机构	转速（r/min）	0~0.7				
	功率（kW）	2×9				
变幅机构	速度（m/min）	0~65				
	功率（kW）	11				
液压系统	速度（m/min）	0.5				
	功率（kW）	11				
	额定工作压力（MPa）	31				
平衡重	臂长（m）	重量（t）		臂长（m）	重量（t）	
	75	19.8		50	13.28	
	70	18.2		45	18.2	
	65	18.2		40	14.88	
	60	16.6		35	11.56	
总功率	119kW（不含顶升、行走机构）					

（2）辅助吊机的选择

1）辅助吊机的基本性能由下列条件决定：

① 最大长度起重臂所需吊起的高度。

② 最大长度起重臂的重量。

③ 汽车吊至塔机回转中心线至少为 10m。

④ 施工现场的条件。

2）根据施工现场情况，选择汽车吊的站位位置，并结合吊装高度和起吊部件的重量，选择合适的汽车吊。

（3）塔机安装工艺流程，见表 9-4。

塔机安装工艺流程 表 9-4

步骤	内容
第 1 步	塔机基础的预埋
第 2 步	塔机的安装前检查
第 3 步	塔机进场
第 4 步	汽车吊就位吊装区域
第 5 步	零部件分装
第 6 步	安装 2 个基础节
第 7 步	安装爬升架（含结构、顶升机构、顶升横梁、平台等）
第 8 步	安装特殊节
第 9 步	安装回转总成（含结构、回转支承、回转机构及引进横梁）
第 10 步	安装平衡臂臂根节
第 11 步	安装起重臂臂根节
第 12 步	安装剩余平衡臂
第 13 步	安装 1 块平衡重
第 14 步	安装剩余起重臂
第 15 步	安装剩余平衡重
第 16 步	穿绕起升钢丝绳及吊钩
第 17 步	塔机调试、试运转
第 18 步	顶升加节
第 19 步	塔机安装后自检
第 20 步	塔吊空载及负荷运行试验
第 21 步	塔机安装检验合格后交付使用

（4）安装具体方法

1）塔机基础的预埋

塔机基础为预埋支腿式固定基础，图 9-20 为固定钢筋混凝土基础图。

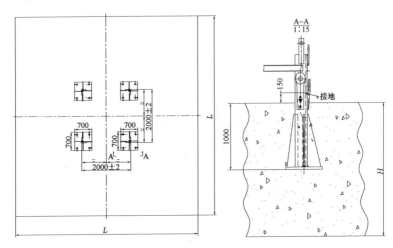

图 9-20　预埋支腿式固定基础图

2）塔机安装前准备工作

① 人员准备

按照项目部施工要求计划的安排，安装全过程需进行管理和监控，以确保质量目标、工期目标、环境管理目标和职业健康安全管理目标的实现，提前确定好组织机构，并明确分工职责。

施工人员职责，见表 9-5。

施工人员职责

表 9-5

岗位	岗位职责
现场总负责	1. 全面负责和施工方的技术、施工交流沟通，确保配合顺畅；对本次安装的安全、质量、进度、成本负责； 2. 负责安装期间的监控管理，做好统一调度和统一指挥； 3. 主持塔机安装后的检查工作，按标准执行严格把关

岗位	岗位职责
施工负责	1. 负责安装前施工人员的协调，并按操作规程和塔机说明书的要求精心组织和指挥施工，确保按时、按进度、按质作业； 2. 负责每日工作安排及工作分配，并向施工人员就工作中的危险因素进行交底
技术人员	1. 认真执行有关塔机安装技术、质量、安全等方面的标准、规范和规定，负责编制塔机的安装技术方案，并及时提交施工方； 2. 负责安装前的检查、安装过程中对各主要工序的质量检验，并做好各项质检记录； 3. 按照塔机安装方案，认真进行安装前和安装进程中的技术措施、关键工序的重点交底、并监督实施； 4. 负责协助施工，在安装前及安装期间与项目部之间进行技术、施工沟通； 5. 负责塔机的安装质检工作，及时解决过程中的技术质量问题； 6. 对发现的质量问题，提出整改方案并组织实施，及时消除隐患，确保安装过程质量与安全； 7. 负责塔机资料的备案、归档
安全人员 （警戒人员）	1. 负责施工过程中和施工方安全员接口，共同对安装过程中的施工安全进行监督，有权对违章作业行为处罚、限期整改、甚至停工； 2. 检查督促安全技术措施交底后的落实情况，监督施工现场的安全作业； 3. 检查安装过程中有可能出现的不安全因素和事故隐患，发现问题及时提出整改意见和防范措施； 4. 督促全体人员按各自工种的操作规程和方案的要求作业，严禁违章作业； 5. 现场警戒人员负责作业区域警戒线和警示标志的设置和监护； 6. 现场警戒人员在作业过程中严守岗位，严禁无关人员进入作业区域

岗位	岗位职责
机长 （机组成员）	1. 机长负责施工中的接口管理，合理安排人力、物力实施方案，对作业工人进行安全技术交底，对塔机安装质量、安全过程进行管理并负直接责任； 2. 密切关注安装过程中塔机的运行及吊装情况
上部起重指挥	1. 服从安装总指挥，负责塔机上部高空起重指挥，做好高空作业人员的协调和安全站位工作，对在高空物品绑扎的吊物安全性、规范性负直接责任； 2. 吊装时选择好吊具、索具和捆绑方法，准确确定塔机吊物的重心位置； 3. 严格执行"十不吊"
下部起重指挥	1. 服从总指挥，负责 2m 以下地面起重指挥及地面解体工作，做好地面人员的协调和安全站位工作，对在地面物品绑扎的吊物安全性、规范性负直接责任； 2. 吊装时选择好吊具、索具和捆绑方法，准确确定塔机吊物的重心位置； 3. 严格执行"十不吊"
电工	1. 负责塔机各电气系统检查、线路的安装；并把电源送至塔机的临时配电箱； 2. 按照说明书的要求和安装进度接通线路，保证安装工作的顺利进行； 3. 总体完成后，及时接通电气线路、各种限位装置及各种电气仪表线路，做好防雷接地； 4. 协助技术测试人员做好电气方面的测试工作； 5. 协助技术人员做好设备的试运转，调整好各种限位装置
辅助人员	1. 所有作业人员进入施工现场必须持有效操作证件上岗，接受塔机作业前的安全技术交底； 2. 服从班组指挥分工，正确佩戴和使用安全防护用品，严格执行作业程序，精力集中，做好自我防护，不违章作业，完成本次塔机的各作业岗位的安装任务； 3. 配合安装电工安装所有的限位、保险装置；配合技术人员做好塔机自检、测试、调试工作

岗位	岗位职责
汽车吊司机	1. 在作业前一天到现场察看现场的状况,确保汽车吊就位点具备安全吊装条件; 2. 施工过程中听从起重指挥人员指挥,不得私自操作

② 技术资料准备

塔机安装所需的图纸资料应齐全且需为最新版本。施工用的技术文件均已编制完成(施工方案、安全技术交底、材料计划、进度计划及各种检验记录表格)且正式发布。塔机安装施工方案等文件必须按规定经审核、批准后方可进行施工。

塔机安装前,施工安全、技术交底已编制完成并向施工班组进行安全、技术交底,阐明塔机安装过程施工步骤、难点、注意事项以及问题的解决办法、技术标准、质量验收标准、危险源及安全要求,由施工人员签字确认后保存至施工文档中。参加塔机安装施工作业的人员必须参加各级安全技术交底,了解塔机的安装工艺,熟悉安装流程以及牢记安装安全、质量要求,明确各自的分工及职责。

③ 塔机安装主要施工机具配备,见表 9-6。

塔机安装主要施工机具配备 表 9-6

机具名称	规格	数量	状态要求
汽车吊	根据现场条件确定	1 台	完好
电焊机	ZX400	1 台	完好
氧气乙炔气割	/	1 套	完好
钢丝绳	6×37—24—1770(长 6m、10m)	各 2 根	完好
钢丝绳	6×37—32—1770(长 18m、10m)	各 2 根	完好
钢丝绳	6×37—46—1770(长 18m)	2 根	完好
手拉葫芦	10t、5t、2t	各 2 只	完好
卸扣	10t、5t	各 4 只	完好
经纬仪	J2-2	1 套	完好

续表

机具名称	规格	数量	状态要求
兆欧表	/	1 只	完好
麻绳	$\phi18$	1 卷	完好
撬棍	$\phi30$	4 根	完好
专用扳手	24～27mm、30～32mm、36～41mm	1 套	完好
大锤	4 磅、12 磅	各1个	完好
安全防护用品	/	8 套	完好

④ 施工环境及条件

用于吊机停放、设备安装临时堆放及运输车辆行驶等的作业场地应平整且压实，回填的路基应夯实。安装场地和配合吊车停放区域的地面或高空障碍物均已清理完毕。安装过程中在安装区域应设置警戒围栏，无关人员不得进入。

关注天气预报，尽量选择一段连续的晴天进行塔机的拆卸施工工作。要求施工期间无雷电、暴雨、雪、雾等恶劣天气的影响，风速小于 10m/s。

安装前必须对整机进行一次全面检查、清点。确保所有部件的完好性，如有损坏或缺失，立即予以更换、修正或补充。

3）安装两节基础节总成

基础节总成主要包括：基础节主体结构及相关通道附属件。

① 如图 9-21 所示，将拼装好的基础节总成Ⅰ（S69JT）放

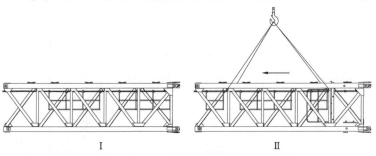

Ⅰ   Ⅱ

图 9-21　拼装基础节

平在地上。

② 基础节Ⅱ（S69JTA）拼装参考靠近基础节Ⅰ，休息平台组装好后，直接挂在基础节斜腹杆上；

将拼好的基础节Ⅱ吊起靠近基础节Ⅰ，将基础节销轴孔与基础节孔对齐，穿入销轴、立销及开口销等。

③ 如图9-22所示，将拼装好的基础节总成吊起至固定支腿的上方，缓缓放下，将基础节销轴孔与支腿孔对齐，穿入销轴、立销及开口销。

④ 注意事项：

a. 确保安装过程中的吊装安全可靠。

b. 注意基础节踏步安装方向应与建筑物方向垂直(图9-23)，否则将会造成后期无法降塔。

4）安装爬升架

爬升架主要由爬升架结构、爬梯、平台、栏杆、横梁等组成。

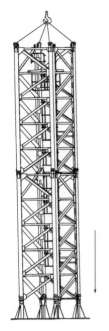

图9-22 安装基础节总成

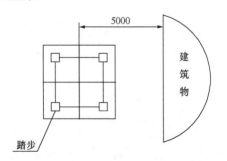

图9-23 基础节踏步与建筑物位置关系图

① 爬升架的吊装

如图9-24所示，在吊装爬升架结构时，选用四根同等长度的钢丝绳穿过选用的耳板，最终统一悬挂在吊钩上，保证吊装平

141

衡，实现爬升架结构的吊装。

②安装爬升架平台

爬升架装有2层含有扶手栏杆的平台：下层包括四个平台，即爬升架每面各一个。上层包括三个平台，即爬升架左右面各一个，后面也有一个，依靠爬梯连接上下两层平台。

③安装顶升横梁、油缸及液压站

顶升横梁组装：撑脚横梁1与止动靴2连接，插入销轴3，选用轴端挡板5用螺栓4、垫圈6紧固，如图9-25所示。

将吊索绕在顶升横梁1上方销孔之间，使用双倍长的吊索以便能更好地引导横梁靠在塔身节的踏步上，将横梁精准定位，使其两侧挂靴挂在踏步上（图9-26）。

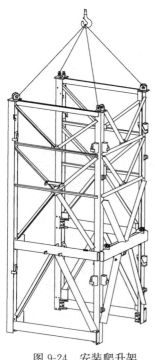

图 9-24　安装爬升架

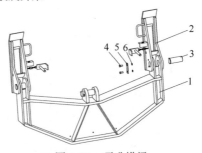

图 9-25　顶升横梁

1—撑脚横梁；2—止动靴；3—销轴；4—螺栓；5—轴端挡板；6—垫圈

将吊索绕至油缸1。将油缸上方固定在爬升架耳板上，并用销轴2和开口销3固定。伸出油缸，然后将活塞杆固定在顶升横梁耳板上，并用销轴4和开口销5固定，如图9-27所示，将液压站放置在后平台上。将油管与液压站相连。

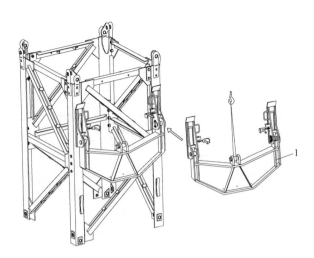

图 9-26　顶升横梁的安装

1—顶升横梁

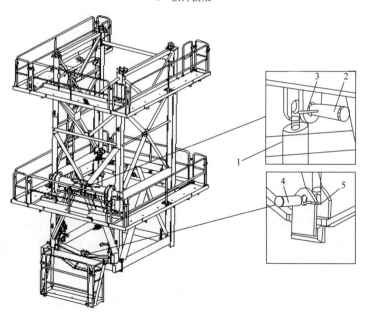

图 9-27　安装顶升油缸

1—油缸；2、4—销轴；3、5—开口销

143

5) 安装特殊节（图 9-28）

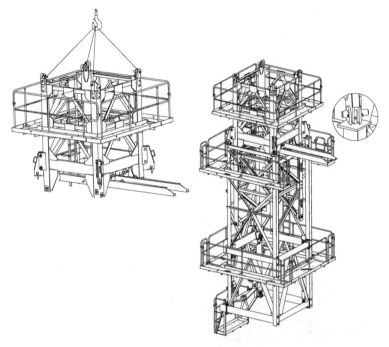

图 9-28　安装特殊节

① 特殊节耳座安装

依次将特殊节耳座安装在特殊节结构对应位置处，并插入销轴、轴套、锁紧销、开口销。

② 平台栏杆安装

将平台吊起至特殊节附近，将平台支撑梁倾斜插入特殊节连接套中，缓慢放下，待平稳后撤去吊索，其余平台选用同样方法进行安装。

将栏杆插入平台连接套中，用弹簧销将栏杆固定。相邻平台之间的栏杆用两块夹板、螺栓和螺母固定。

③ 爬梯安装

将爬梯挂钩直接挂在特殊节对应连接座位置，并插入开口销。

④ 引进横梁安装

将引进横梁装入在特殊节对应耳板位置，插入销轴及开口销，另一横梁按照同样方式进行安装。

⑤ 特殊节吊装安装

将装有引进横梁的特殊节吊起安装，主弦连接孔与特殊节的连接孔连接并插入销轴，耳座连接孔与套架上端连接耳座进行连接，并插入销轴及开口销。

6）引进小车吊装安装

吊起专用吊钩，并将吊钩挂在引进小车架对应位置，待小车架平稳后吊至引进横梁位置，引进横梁端部与引进小车架导轮对齐后缓慢移动小车架，放置横梁中部即可。

7）安装回转总成

回转总成包括下支座、回转支承、上支座、回转机构及司机室共五部分，下支座下部与特殊节相连、上部与回转支承连接。

① 回转总成的拼装

a. 回转支座的吊装

将上下支座起吊在平整的地面上，为回转总成的地面拼装做出准备，同时检查回转支承上的高强度螺栓的预紧力矩是否达到1350N·m，且防松螺母的预紧力矩稍大于1350N·m。

b. 回转限位器的安装

首先将行程限位器和连接座用螺栓固定锁紧，接着用连接套、开口销将限位器连接轴和限位齿轮连接，最后将整个限位器用螺栓、螺母和上支座的连接板固定。

c. 司机室平台及维修平台的安装

先将连接支架吊起与司机室平台连接，分别将维修平台和装配好的司机室平台吊至回转支座上方，缓慢放下，对准销孔，将维修平台和司机室平台上的定位销装入销孔，上端穿入轴，防止平台往上翘起。

确认各平台栏杆安装位置，将平台栏杆插入平台连接套中，用弹簧销固定，相连平台的栏杆用栏杆夹板及螺栓、螺母固定。

将回转机构吊起至回转支座上方，并缓慢放下，对准螺栓孔后，插入螺栓并拧紧。螺栓的预紧力矩应达到265N·m。

d. 司机室安装

如图9-29所示，将司机室吊至司机室平台上方，缓慢放下，对准螺栓长条孔，用螺栓、垫圈、螺母将司机室和平台连接，然后插入开口销；一个垫圈放置在司机室连接板上边、另一个垫圈和两个螺母放置在平台对应螺栓长条孔连接板下方。

e. 电控柜和电阻箱的安装

将电控柜和电阻箱吊至司机室平台对应的基座上，通过螺栓、螺母、垫圈进行连接，必须把螺母拧紧，保证安全。

f. 回转总成的安装

吊起回转总成1至特殊节上方，注意下支座爬梯方向与特殊节爬梯方向保持一致，将回转总成缓慢放下，使用8个销轴2连接，为防止销轴脱出，两个销轴之间通过立销3固定，立销3下端穿入葫芦销4固定（图9-29）。

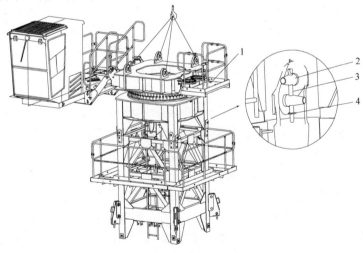

图9-29　安装回转总成

1—回转总成；2—销轴；3—立销；4—葫芦销

8）安装平衡臂臂根节和起重臂臂根节

① 平衡臂臂根节一端连接平衡臂，一端连接起重臂，起到连接和过渡作用，故安装时单独安装。起吊前将臂根节上的滑轮、拖绳装置等在地面安装到位。

在地面上将变幅滑轮和起升滑轮安装到臂根节合适位置，在安装好的滑轮上面安装挡绳杆，防止工作时钢丝绳跳出，挡绳杆两端用开口销固定。拖绳装置通过螺栓和螺母安装到臂根节靠近平衡臂侧的上弦杆上。

② 平衡臂臂节的安装

将短拉杆安装在已组装好的平衡臂臂节总成上，吊装至上支座安装耳座的位置，缓慢放下，连接完好后，插入无头销轴，两侧插入轴套，锁销并插入锁销。

③ 起重臂臂根节的安装

在地面上组装起重臂，吊起并安装在平衡臂臂根节上。上弦选用销轴、立销，插入开口销；下弦带有定位销节点板的位置，通过螺栓、双螺母、垫圈及开口销连接。

④ 平衡臂结构件的组装

后两节平衡臂结构与平衡臂结构连接，接头连接处选用销轴、立销及弹簧销进行连接。

⑤ 平衡臂栏杆走台的安装

将吊起平台带起连接横梁缓慢靠近平衡臂连接座位置，插入销轴及销，其余三个平台依次按同样方法进行安装。

⑥ 起升机构的安装

在地面将起升机构安装在平衡臂上，然后与平衡臂总成一起起吊安装。吊起升机构放置在平衡臂连接座位置，两者通过销轴连接，并插入开口销。

⑦ 平衡臂的安装（图9-30）

将组装好的平衡臂组件1吊起，对接好平衡臂臂根节2，臂节下弦对接好，插入销轴4及销3，拉杆耳板孔对接好插入销轴6及销5，缓慢放下。

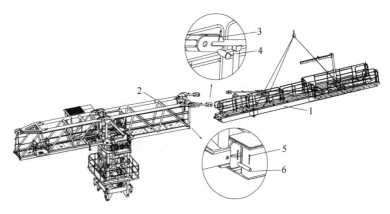

图 9-30　安装平衡臂

1—平衡臂组件；2—平衡臂臂根节；3—销；4—销轴；5—销；6—销轴

9）安装平衡重

平衡重的重量随起重臂长度的改变而改变，根据所使用的起重臂长度，选择平衡重的搭配。

平衡重的安装共分为两个阶段：

阶段一：平衡臂安装完成后，安装 1 块 3320kg 的平衡重在平衡臂靠内侧，用配重销紧固在平衡臂上，安装位置为靠近起升机构方向，然后安装起重臂。

阶段二：起重臂安装完成后按照平衡重配置完成剩余平衡重的安装。

吊装完成后检查并确认相邻配重块的整个表面是否相互贴紧。

10）载重小车的安装

① 一般注意事项

方向规定：当人站在平衡臂位置、面朝起重臂方向时，方向如图 9-31 所示。

L=左手边　　　　　　　　　　R=右手边

图 9-31　塔机上部结构俯视图

小车在起重臂上的安装方向：小车吊篮 1 在右后方，钢丝绳张紧装置 2 在右前方，2 倍率时将吊篮挂在前小车上，4 倍率时将吊篮挂在后小车上。如图 9-32 所示。

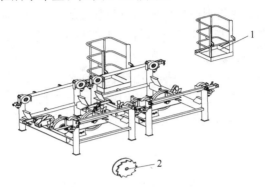

图 9-32　小车的组装示意图
1—小车吊篮；2—钢丝绳张紧装置

②　小车吊篮的安装

将吊篮安装到小车的连接套中，对准销孔，使用销轴、开口销将吊篮连接完成，然后将小车吊篮与小车通过销轴、销进行连接。

③　将小车安装到起重臂上

根据安装方向将小车套在起重臂下弦杆的导轨上，并将小车移动到变幅挡块位置。用固定吊索将小车锁在臂根部最小幅度处。

11）安装剩余的起重臂

起重臂臂根节为四边桁架结构，其余节为三角形变截面的空间桁架结构，共分为九节。臂节上装有变幅机构，载重小车在变幅机构的牵引下，沿起重臂下弦杆前后运行。载重小车一侧设有检修吊篮，便于塔机的安装与维修。

①　完成起重臂的装配

首先将起重臂臂节放置在平整的地面上，然后安装下一个臂节，为了便于臂节间连接，将臂节稍微倾斜吊起，缓缓移动，使其上弦连接耳板正确接入相连的另一臂节的上弦耳板，使用销轴、锁销和销连接耳板，缓慢放下起重臂，并使用定位销对准相连臂节下弦，然后用螺栓、垫圈、螺母和销连接好下弦。在安装下弦螺栓时，先将下弦螺栓连接两臂节端部定位板，使得螺栓头部露出端部定位板，下弦连接螺栓头部与起重臂臂头方向一致，然后使用垫圈、螺母和开口销连接好下弦，并使开口销充分打开。

按前面所述步骤，根据使用臂长，在地面上将各节起重臂节按照顺序依次安装连接好，上弦用销轴，立销和销连接；下弦用螺栓、垫圈和螺母将臂节连接，螺栓头方向与起重臂臂头方向一致，插入开口销，并将开口销充分打开。

臂节总成与臂头安装：首先臂节总成定位销与臂头横梁连接套位置进行定位，臂节总成下弦处连接角钢通过螺栓、垫圈、双螺母与臂头连接角钢进行连接，并插入开口销，然后臂节总成定位销定位板通过螺栓、垫圈、双螺母与臂头横梁进行连接，并插入开口销。

② 安装起重臂安全绳

每节起重臂都有安全绳挂钩，首先将安全绳穿在起重臂上的安全绳挂钩内，同时将钢丝绳用 3 个钢丝绳夹锁死在臂头和第一节臂的安全环内。

③ 安装起重臂（图 9-33）

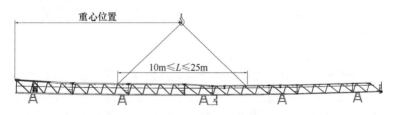

图 9-33　起重臂组装、吊装示意图

起重臂为三角形变截面的空间桁架结构，共分为九节。把起重臂总成搁置在约 1.0m 高的支架上，让所有构件脱离地面。臂根销轴安装在臂架根部内双耳上方便安装，并用锁销固定，否则存在零件掉落的安全隐患。

待起重臂的地面拼装完成后，检查起重臂上的变幅机构、电路走线等是否完善，使用回转机构的临时电源将塔机上部结构回转至便于安装起重臂的方位。

④ 起重臂起吊注意事项

a. 安装起重臂时，必须使用安全吊带（3 点式安全带）；在起重臂上进行操作时，安装工必须使用走台且必须绑在安全钢丝绳上。

b. 起重臂在吊装时将吊具绕过起重臂上弦杆，并在腹杆处固定。

c. 抬起起重臂总成时禁止斜拉。

12）起重臂安装完成后，根据起重臂长度配置，安装剩余配重。

13）穿绕钢丝绳及吊钩

① 穿绕起升钢丝绳

钢丝绳从起升机构卷筒上端出绳，穿过平衡臂臂根节上排绳轮，再穿过臂根节上起重量限制器滑轮，再穿过起重臂臂根部滑轮，然后钢丝绳伸出连接小车（图 9-34）。

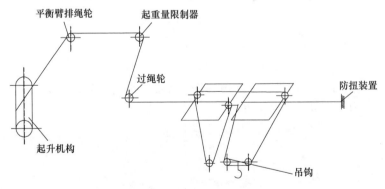

图 9-34　起升系统穿绳示意图

穿绕变幅小车上起升钢丝绳。由于本小车和吊钩为自动变倍率方式，变倍率时通过吊钩上下滑轮组自动断开方式实现，因此起升钢丝绳的绕绳方式不变。

　　起升钢丝绳从小车绕出之后进入起重臂臂头防扭装置。用楔块3锁住1至楔套2，并在钢丝绳末端装上1个绳夹4。用销轴6和开口销7安装楔套2至钢丝绳防扭器5。安装完毕后检查防扭器是否旋转自如。如图9-35所示。

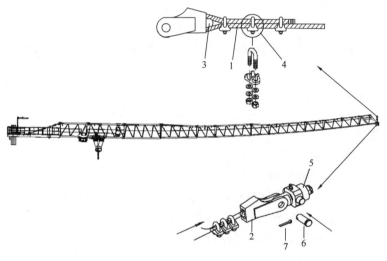

图 9-35　防扭装置安装示意图

1—钢丝绳；2—楔套；3—楔块；4—绳夹；5—钢丝绳防扭器；6—销轴；7—开口销

　　② 防扭装置的调整方法

　　防扭装置组件：由防扭装置、转接头及楔形接头组成，如图9-36所示。

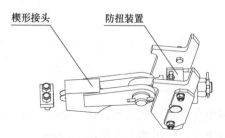

图 9-36　防扭装置组成

当调节螺栓向外旋出离开转轴止动槽时，将锁紧螺母锁定，防扭装置可自由旋转，如图 9-37 所示。

③ 穿绕变幅钢丝绳

根据实际使用的起重臂长度确定所需的变幅钢丝绳长度。穿绕变幅钢丝绳之前检查变幅小车是否锁定。

a. 穿绕后变幅钢丝绳

钢丝绳从变幅卷筒 1 出发，穿过起重臂根部滑轮 2，使用销轴 3 和开口销 4 将楔形接头 5 固定在小车上（图 9-38）。张紧变幅钢丝绳，并缓慢将其卷绕在变幅机构上。

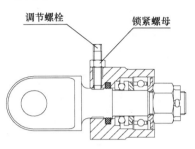

图 9-37　防扭装置的调节

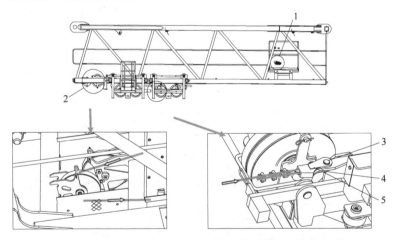

图 9-38　变幅钢丝绳的穿绕

1—变幅卷筒；2—起重臂根部滑轮；3—销轴；4—开口销；5—楔形接头

b. 穿绕前变幅钢丝绳

钢丝绳一端穿过起重臂端部滑轮，从卷筒下方缠绕钢丝绳，要确保至少 3 圈留在卷筒上，用螺栓和压板将钢丝绳固定至变幅卷筒侧面。

钢丝绳一端穿过防断绳装置的导环。从下向上缠绕钢丝绳至张紧卷筒，并且确保 3 圈留在卷筒，钢丝绳穿过张紧卷筒的孔，并用楔块和楔套固定钢丝绳，用手柄张紧钢丝绳。

④ 安装吊钩

在起升钢丝绳缠绕时一同安装吊钩总成。

在吊装吊钩 2 时，将吊具从吊钩 1 位置穿过，最终统一悬挂在汽车吊吊钩上，保证吊装平衡，实现吊钩的吊装。如图 9-39 所示。

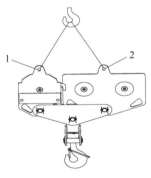

图 9-39　吊钩总成
1—吊钩；2—吊钩

14）电气控制系统安装与调试

① 电气控制系统安装

a. 工地电源要求

电控系统电源要求为 380V，50Hz。注：此处电源的电压要求是指塔机工作时的稳定电压。

b. 电气控制系统的组成

电气控制系统是整个塔机的控制中心，它包含以下设备：左、右联动台；驾配箱、主控柜、行走柜（选配）；起升机构、回转机构、变幅机构、行走机构（选配）；重量限制器、力矩限制器、起升限位器、回转限位器、变幅限位器、行走限位器（选配）等保护装置。

c. 电气控制系统的连接

电控系统的连接如图 9-40 所示。

② 电气控制系统调试

a. 通电调试前的准备工作

（a）首先确认外部供电总电源断路器具有漏电保护功能。

（b）检查确保所有断路器处于断开状态。

（c）按照电气原理图中的电气连接图完成电控系统的线路连

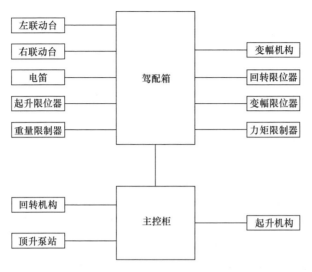

图 9-40　电控系统连接示意图

接，并确保线路接线正确。

（d）在供电总电源总闸断开的情况下（即在无通电状态下），按照电气原理图中的接线图完成供电总电源线的线路连接，并确保接线正确牢固。

b. 通电调试

在完成通电前的准备工作后方能进行通电调试，通电调试应按照以下步骤和要求：

（a）外部总供电电源检测如图 9-41所示：合上供电总电源总闸，查看驾配箱上的电压表电压是否在 AC365～400V范围内。若不正常检查线路，找出问题。若正常，进入下一步。

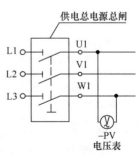

图 9-41　外部总供电电源检测

（b）电控系统内部总电源检测如图 9-42 所示：将电控系统中驾配箱中的总断路器 QF 合闸，观察是否正常，并查看相序继电器 KAP 工作是否正

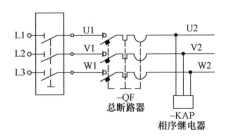

图 9-42　电控系统内部总电源检测

常。若不正常检查线路，找出问题。若正常，进入下一步。

（c）检测 AC220V 控制电源回路如图 9-43 所示：将 AC220V 控制电源断路器 QF10 和 QF11 合闸，用万用表测线号 780、30 线间的电压应为 AC220V（±10％），并观察线路是否正常。若不正常，检查线路找出问题。若正常，进入下一步。

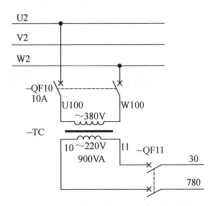

图 9-43　检测 AC220V 控制电源回路

（d）检测启动供电回路如图 9-44 所示：打开右操作台上的急停按钮，并按下启动按钮，此时启动控制接触器 KMC 吸合，同时总接触器 KM 也吸合，启动电源指示灯 HP 亮绿色，线号 50、51 线间的电压应为 AC220V（±10％）。将 DC24V 控制电源断路器 QF12、QF13、QF14、QF15、QFA 逐级合闸，用万用表测线号 80、81 线间和线号 90、91 线间的电压应为 DC24V

（±10％），此时 PLC 上电源指示灯应亮绿色。

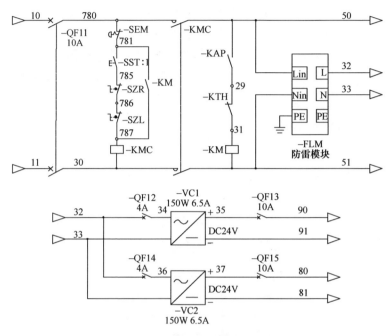

图 9-44 检测启动供电回路

（e）检测司机室供电电源回路如图 9-45 所示：将司机室电

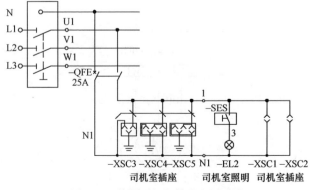

图 9-45 检测司机室供电电源回路

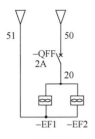

图 9-46 检测散热
风扇供电电源回路

源断路器 QFE 合闸，并用万用表测驾配箱端子排上的 1 和 N1 号端子间的电压应是 AC220V（±10％）；

（f）检测散热风扇供电电源回路如图 9-46 所示：将电控柜电源断路器 QFF 合闸，用万用表测线号 20、51 线间的电压应为 AC220V（±10％），此时主控柜上的散热风扇应正常转动。

（g）检测起升主回路如图 9-47 所示：将起升断路器 QFH 合闸，用万用表测线号 U200、V200、W200 两两线间的电压应为 380V（±10％），此时起升变频器 HINV 上的电源指示灯亮红色，变频器处于上电状态。

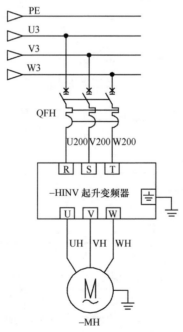

图 9-47 检测起升主回路

（h）检测起升风机供电电源回路如图 9-48 所示：将起升风机断路器 QFHF 合闸，用万用表测线号 UHF、VHF、WHF 两两线间的电压应为 380V（±10%），此时起升散热风机正常运行。

（i）检测回转涡流供电电源回路如图 9-49 所示：将回转涡流电源断路器 QF30、QF31 合闸，用万用表测线号 364、365 线间的电压应为 AC24V（±10%），此时涡流控制模块 SW 上的电源指示灯亮绿色。

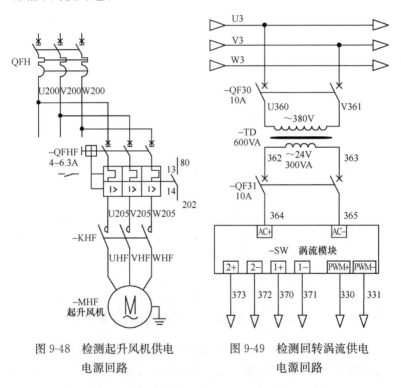

图 9-48　检测起升风机供电　　图 9-49　检测回转涡流供电
　　　　电源回路　　　　　　　　　　电源回路

（j）检测回转变幅制动器供电电源回路如图 9-50 所示：将回转变幅制动器电源断路器 QF32、QF33 合闸，用万用表测线号 396、399 线间的电压应为 DC24V（±10%）。

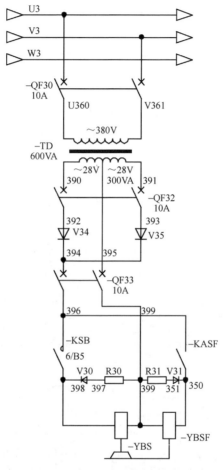

图 9-50　检测回转变幅制动器供电电源回路

（k）检测回转变频器供电电源回路如图 9-51 所示：将回转变频器断路器 QFS 合闸，用万用表测线号 U300、V300、W300 两两线间的电压应为 380V（±10%），此时回转变频器 SINV 上的电源指示灯亮红色，变频器处于上电状态。

（l）检测变幅变频器供电电源回路如图 9-52 所示：将变幅变频器断路器 QFV 合闸，用万用表测线号 U400、V400、W400

两两线间的电压应为 380V（±10％），此时回转变频器 VINV 的电源指示灯亮红色，变频器处于上电状态。

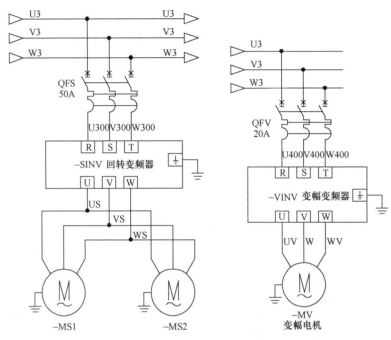

图 9-51　检测回转变频器供电电源回路

图 9-52　检测变幅变频器供电电源回路

（m）检测顶升主回路如图 9-53 所示：将顶升电源断路器 QFP 合闸，用万用表测线号 U5、V5、W5 两两线间的电压应为 380V（±10％）。此时将联动台上的 SSP 选择开关旋转到顶升位置，接触器 KPP 吸合；

（n）检测急停断电如图 9-54 所示：一是按下联动台上的急停按钮，总电源接触器 KM 释放，KM 后端的电路断电，此时即使再按下启动按钮，KM 也不能吸合。二是松开启动按钮后，释放急停按钮，KM 也不能吸合，只有再按下启动按钮后，KM 才能吸合上电。

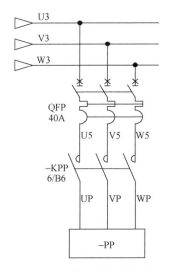

图 9-53 检测顶升主回路

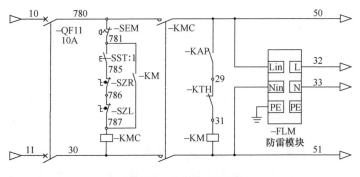

图 9-54 检测急停断电

（o）检测电笛如图 9-55 所示：按下联动台上的启动按钮，电笛得电鸣叫，此时用万用表检测线号 788、789 线间的电压应为 DC24V（±10%）。

c. 控制动作逻辑功能调试

在第二步通电调试完成后，才可以进行控制动作逻辑功能调试。具体如下：

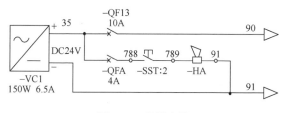

图 9-55 检测电笛

（a）将所有限位开关置于正常工作状态，具体见表 9-7。

限位开关设置状态   表 9-7

名称	100％力矩	80％力矩	100％重量	75％重量	35％重量
PLC输入点	X16	X17	X21	X22	X23
输入点状态	ON	ON	ON	ON	ON
指示灯状态	亮绿色	亮绿色	亮绿色	亮绿色	亮绿色
名称	变幅外停	变幅外减	变幅内停	变幅内减	起升上停	起升上减
PLC输入点	X24	X25	X26	X27	X30	X31
输入点状态	ON	ON	ON	ON	ON	ON
指示灯状态	亮绿色	亮绿色	亮绿色	亮绿色	亮绿色	亮绿色
名称	起升下停	起升下减	回转左停	回转左减	回转右停	回转右减
PLC输入点	X32	X33	X34	X35	X36	X37
输入点状态	ON	ON	ON	ON	ON	ON
指示灯状态	亮绿色	亮绿色	亮绿色	亮绿色	亮绿色	亮绿色

（b）起升控制动作逻辑功能调试。

（c）回转控制动作逻辑功能调试。

（d）变幅控制动作逻辑功能调试。

15）塔机试运转

当整机安装完毕后，在风速不大于 3m/s 且空载状态下，检查塔身轴心线对支撑面的侧向垂直度，允许为 4/1000。

测量方法如下：

① 侧向垂直度在最大独立安装高度、空载状态，臂架相对于塔身 0°（以臂架方向平行于标准节引进方向为 0°）和 90°时分别沿臂架方向测量（图 9-56），标尺贴靠在塔身结构中心的最低处和最高处，用经纬仪读出两处的值。

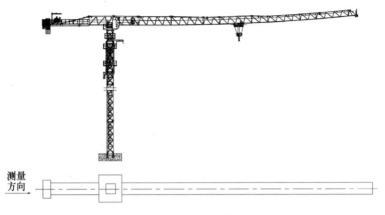

图 9-56　塔身垂直度测量示意图

② 侧向垂直度误差按式（9-1）计算：

$$\Delta L = (L_1 - L_2)/\Delta H \leqslant 4/1000 \qquad (9\text{-}1)$$

式中　L_1——上部测量点标尺读数，单位为毫米（mm）；

　　　L_2——下部测量点标尺读数，单位为毫米（mm）；

　　　ΔH——两个测量点间高度差，单位为毫米（mm）。

检查各机构运转是否正确，试吊（吊载严格按照性能曲线进行吊载）应低速、缓慢吊起，逐渐起升 1m 后检查制动器，然后再起升一定高度，检查制动器，最后再下降，按照以上循环操作 3 次，确认制动器是否正常。如制动器异常，请按制动器工作原理进行调试。

同时检查各处钢丝绳是否处于正常工作状态，是否与结构件有干涉，所有不正常情况均应排除。

16）顶升标准节

① 顶升前的准备工作

a. 按液压泵站要求给油箱加油，顶升横梁防脱装置的销轴退出踏步的圆孔。

b. 清理好各个塔身节，在塔身节连接套内涂上黄油，将待顶升加高用的标准节在顶升位置时的起重臂下排成一排，这样能使塔机在整个顶升加节过程中不用回转机构，能使顶升加节过程所用时间最短。

c. 放松电缆长度略大于总的顶升高度，并紧固好电缆。

d. 将起重臂旋转至爬升架前方，平衡臂处于爬升架的后方（顶升油缸必须位于平衡臂下方）。

e. 爬升架平台上准备好塔身使用高强度螺栓。

f. 检查、调试并确认顶升机构工作正确、可靠，保证爬升架能按塔机爬升规定的程序上升、下降、可靠停止；运行过程中应平稳，无爬行、振动现象。

g. 检查爬升架支承系统，确保各部分运动灵活，承重可靠。

h. 液压顶升机构应保证安全，溢流阀的调整压力不得大于系统额定工作压力的110%。

② 标准节组装

该型号标准节共由4片组成，片与片之间采用铰制孔螺栓连接，具体拼片方法如下：

a. 将一节标准节片（不含踏步、不含扶梯连接耳板）平放在地面。

b. 吊起第二片标准节片（不含踏步、含扶梯连接耳板）进行拼接，必须将连接板放置在角钢主弦内侧，然后将两节标准节片用4套铰制孔螺栓进行连接，安装铰制孔螺栓时请将螺栓从外侧穿入，螺母从角钢内侧安装，同时在上方角钢两侧各使用2套螺栓、螺母连接在两片标准节片上。

c. 将拼装好的两片标准节片进行翻转，翻转时注意防护，不要损伤相关结构件。

d. 吊起第三片标准节片（包含踏步，不含扶梯连接耳板），使用4套铰制孔螺栓、螺母完成拼装，同时将上方角钢两侧各使用两套螺栓、螺母连接在两片标准节片上。

e. 将拼装好的三片标准节片翻转，翻转时注意防护，不要损伤相关结构件。

f. 吊装起最后一片标准节片，使用各4套铰制孔螺栓、螺母与相邻两节标准节片进行组装，同时将上方角钢两侧各使用2套螺栓、螺母连接在两片标准节片上。

g. 标准节通道安装。

③ 顶升时的配平（图 9-57）

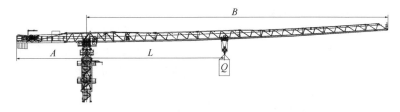

图 9-57　塔机配平示意图

为了保证顶升安全，塔机在顶升之前必须进行配平，配平的主要方法为：在一定幅度上悬吊一重物，通过小车的位置移动最终实现塔机的配平。配平时通过检验下支座支腿与塔身主弦杆是否在一条垂直线上，并观察爬升架导轮与塔身主弦杆间隙是否基本相同来检查塔机是否平衡。略微调整载重小车的配平位置，直至平衡。记录实际配平位置，以后顶升或降节时使用。

a. 理论配平数据（表 9-8）

塔机配平数据表　　　　　　　　　　表 9-8

起重臂长 B(m)	平衡臂长 A(m)	平衡重 G(t)	吊载质量 Q(kg) 标准节数量	配平距离 L(m)
40	18	14.88	4146/2 节	20.3
45	18	18.2	4146/2 节	10.7
50	21	13.28	4146/2 节	16.4
55	21	14.88	4146/2 节	12.4
60	21	16.6	4146/2 节	26.4
65	21	18.2	4146/2 节	15.6
70	21	18.2	4146/2 节	13.3
75	21	19.8	4146/2 节	14.1

注：表中的数据为理论配平尺寸，实际配平时以观察特殊节与塔身主弦杆在一条垂直线上，并观察爬升架 8 个导轮与塔身主弦杆间隙基本相同为准，否则可能造成配平错误，导致顶升倾覆安全事故。

必须使得塔机上部重心落在顶升油缸梁的位置上，方能进行塔机的顶升工作，否则可能会导致塔机倾覆，造成人身伤害事故。

b. 相关说明

顶升装置（油缸和爬升架）要达到良好工作状态，顶升起重机部件的重心必须在油缸轴上；并在进行平衡操作前，确认平台上放置着一个标准节。在顶升过程中禁止：

（a）回转起重臂；

（b）移动小车；

（c）提升重物（上升及下降）。

c. 配平起重机

（a）准备

检查确认引进平台上放置着一个标准节。检查确认爬升架由销轴固定到特殊节上。将变幅小车（有/无荷载须根据要求）移到理论上的平衡距离。

取下最后一节标准节与特殊节之间的螺栓。

（b）配平

只有在特殊节支脚被顶起离开塔身销轴连接孔时，方可进行配平微调。

塔机配平前，必须先将载重小车运行到配平参考位置，并吊起一节标准节（顶升时必须根据实际情况的需要调整），然后拆除特殊节4个支腿与标准节的连接销轴。将液压顶升系统操纵杆推至"顶升"方向，使爬升架顶升至特殊节支腿刚刚脱离塔身节的主弦杆的位置。通过检验特殊节支腿与塔身主弦杆是否在一条垂直线上，并观察爬升架8个导轮与塔身主弦杆间隙是否基本相同来检查塔机是否平衡。略微调整载重小车的配平位置，直至平衡。必须使得塔机上部重心落在顶升油缸梁的位置上。最后记录载重小车的配平位置。但要注意该位置随起重臂长度不同而改变。

④ 顶升作业

a. 顶升作业顺序

顶升作业顺序包括了一连串重复数次的操作：

（a）使用回转机构上的回转制动器，将塔机上部机构处于制动状态。

（b）将引进梁小车1安装至根据塔身组成选出的标准节2上。

（c）将引进梁小车1挂在顶升吊钩3上，吊起总成然后将小车1钩挂在引进梁4上，确保标准节的顶升踏步5位于起重机侧，如图9-58所示。

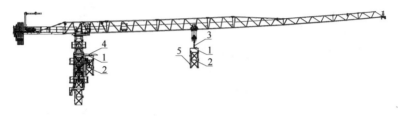

图 9-58　塔机顶升示意图（一）

1—引进梁小车；2—标准节；3—顶升吊钩；4—引进梁；5—顶升踏步

（d）顶升横梁1通过爬爪2和安全销3锁在标准节的踏步A上。拆掉连接特殊节和顶升节的开口销4，立销5和横销6。将液压杆推至"上升"位。开动液压顶升系统，使油缸活塞杆伸出，将顶升横梁爬爪落入距顶升横梁最近的塔身节踏步上，插入防脱销（必须设专人负责观察爬爪是否牢靠挂在踏步上并准确插入安全销），确认无误后继续顶升，将爬升架及以上部分顶起10～50mm时停止，检查顶升横梁等爬升架传力部件是否有异响、变形，油缸活塞杆是否有自动回缩等异常现象，确认正常后，继续顶升。

（e）慢慢顶升直到特殊节根部7微微脱离标准节鱼尾板8。

（f）确保顶升套架的爬爪9锁定在上位。

（g）顶升直到顶升套架爬爪9位于标准节的踏步C正上方，松开爬爪9。

（h）慢慢将液压杆推至"下降"位，慢慢操作操纵杆10以便将爬爪9靠在踏步C上，如图9-59所示。

（i）顶升套架通过爬爪2靠在踏步C上。微微推动液压杆"向下"以便释放顶升横梁1的爬爪2。然后通过拿掉安全销4

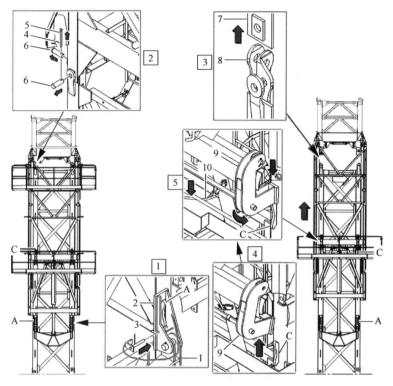

图 9-59　塔机顶升示意图（二）

1—顶升横梁；2—爬爪；3—安全销；4—开口销；5—立销；

6—横销；7—特殊节根部；8—标准节鱼尾板；9—爬爪；

10—操纵杆；A、C—踏步

将顶升横梁 1 从踏步 A 上解锁。

（j）将顶升横梁 1 从踏步 A 上拿掉，然后将液压杆推至"上升"方向以便提升顶升横梁 1，如图 9-60 所示。

（k）继续操作直到顶升横梁 1 能够垂直坐落并用销连至踏步 B。用爬爪 2 将顶升横梁 1 钩至顶升踏步 B，通过安全销 3 将其锁定，如图 9-61 所示。

重复上述循环以便获得将标准节引入顶升套架所需的空间，此时起重机各部分位于下述位置，如图 9-62 所示。

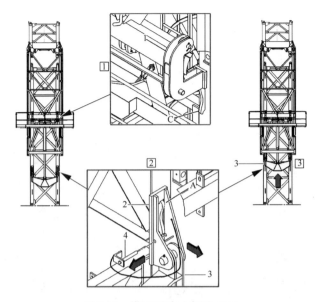

图 9-60 塔机顶升示意图（三）

1—顶升横梁；2—爬爪；3—安全销；4—开口销；A、C—踏步

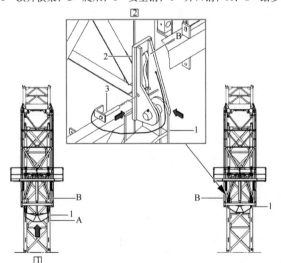

图 9-61 塔机顶升示意图（四）

1—顶升横梁；2—爬爪；3—安全销；A、B—踏步

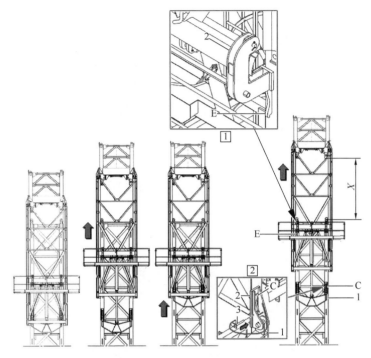

图 9-62 塔机顶升示意图（五）

1—顶升横梁；2—爬爪；3—安全销；C、E—踏步

a）被顶起的部分通过顶升套架的两个爬爪准确的压在标准节踏步 E 上且无局部变形、异响等异常情况；

b）顶升横梁 1 通过爬爪 2 及安全销 3 锁定在标准节踏步 C 上。活塞杆几乎完全伸出，整个行程不许导杆脱离标准节的固定部分。

⑤ 引进标准节

起重机通过引进梁将标准节引进顶升套架内：将悬挂在引进梁小车 2 上的标准节通过该动作提供的抓手引进顶升套架 3，如图 9-63 所示。

a. 标准的鱼尾板连接（图 9-64）

（a）将标准节引进顶升套架后，锁定爬爪 1；

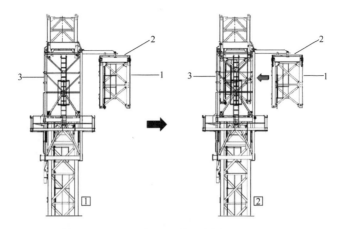

图 9-63　塔机顶升示意图（六）
1—标准节；2—引进梁小车；3—顶升套架

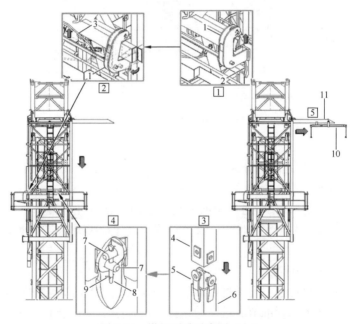

图 9-64　塔机顶升示意图（七）
1—爬爪；2—标准节踏步；3—转动操纵杆；4—标准节；5—鱼尾板；
6—顶升节；7—横销；8—竖销；9—开口销；10—引进梁小车；
11—引进梁

（b）液压杆微微推向"上升"位，以便将顶升套架的爬爪1脱离标准节踏步2；转动操纵杆3以便将爬爪1从标准节上拿下。

（c）将爬爪1锁定在上位。

（d）将液压杆推至"下降"位。确保标准节4恰当地插入塔身顶升节6的鱼尾板5，通过8个横销7，4个竖销8以及4个开口销9将标准节4与顶升节6连接。

（e）将引进梁小车10从标准节上松开，并挂入引进梁11。

b. 安装安全销

继续下降，确保特殊节2主弦恰当地插入已经安装的标准节3的鱼尾板。通过安全销将特殊节2与标准节3销连。如图9-65所示。

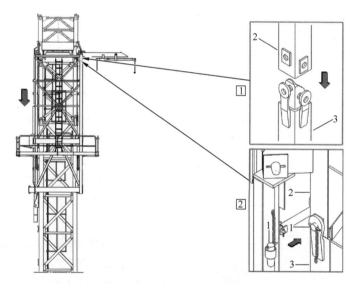

图9-65　塔机顶升示意图（八）

1—安全销；2—特殊节；3—标准节

将配平标准节下放至地面以便放空吊钩。如果需要，使用吊钩下放引进梁小车，以便将其安装至新的标准节上。重复该顶升步骤，直至达到所需高度。

⑥ 顶升作业注意事项

a. 塔机最高处风速大于 12m/s 时，不得进行顶升作业。

b. 塔机的爬升机构，其爬升作业时应确保爬升架支承在塔身上的受力部位与塔身顶升支承部位应可靠定位和结合。应及时查看顶升支承部位焊缝情况，若有异常情况应排除后才能继续进行爬升作业。

c. 顶升过程中必须保证起重臂与引入标准节方向一致，并利用回转机构制动器将起重臂制动住，载重小车必须停靠在顶升配平位置。

d. 若要连续加高几节标准节，则每加完一节后，用塔机自身起吊下一节标准节前，塔身 4 个主弦杆和特殊节必须有 8 个安全销轴连接。

e. 所加标准节上的踏步，必须与已有塔身节对正。

f. 在特殊节与塔身没有用销轴连接好之前，严禁起重臂回转、载重小车变幅和吊装作业。

g. 在顶升过程中，若液压顶升系统出现异常，应立即停止顶升，收回油缸，将特殊节落在塔身顶部，并用 8 根销轴将特殊节与塔身连接牢靠后，再排除液压系统的故障。

h. 塔机加节达到所需工作高度（但不超过独立高度）后，应旋转起重臂至不同的角度，检查塔身各接头处销轴的装配、基础支脚处螺栓的拧紧问题。

i. 防脱销装置的使用方法：

防脱装置 1 由两部分组成，一是顶升横梁爬爪上的安全插销 4，二是顶升横梁爬爪上的防脱插销孔 3，如图 9-66 所示，其使用方法如下：

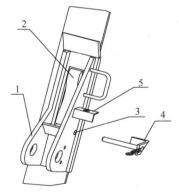

图 9-66　防脱销装置图

1—防脱装置；2—标准节的踏步；

3—防脱孔；4—安全插销；

5—插销孔

174

(a) 塔机开始顶升加节或降塔减节时，顶升横梁的爬爪需卡在标准节的踏步2上，同时将顶升横梁的防脱安全插销4插入爬爪的防脱销孔3内。

(b) 在完成一个顶升步骤、顶升横梁要脱离标准节踏步时，须先将防脱安全插销4退出爬爪防脱销孔3，并固定在爬爪设置的插销孔5上。

(c) 防脱销轴未退出标准节防脱销孔，启动顶升机构强行使顶升横梁脱离标准节踏步会损坏防脱销轴。

j. 循环上述步骤，将标准节按照塔身高度陆续引进并固定。

(5) 拆卸具体方法

1) 一般注意事项

所有关于安装与顶升的专门说明对于拆卸与顶升下降操作亦有效。通过辅助起升设备进行拆卸的最后部分的操作。确认辅助起升设备的荷载能力足够。

塔机的拆除是一项技术性很强的工作，尤其是标准节、平衡臂、起重臂的拆卸。如稍有疏忽，就会导致机毁人亡，因此在拆卸时须严格按照规定操作。

2) 拆卸前的准备

① 由于拆卸塔机时，建筑物已建完，工作场地受限制，应注意工作程序和吊装堆放位置，保证没有障碍物影响拆塔操作。

② 拆塔过程中，塔机应处于平衡状态。

③ 禁止在拆卸时起升吊钩，进行任何起升或者下降操作。

④ 拆卸过程中，禁止塔身上部进行回转操作。

⑤ 拆卸进行前，应将起重臂回转至爬升架引进标准节一侧。

⑥ 塔机拆塔之前，顶升机构由于长期停止使用，应对顶升机构进行保养和试运转，在试运转过程中，应有目的地对限位器，回转机构的制动器等进行可靠性检查。

⑦ 对于拆卸的部件，如起重臂、平衡臂等必须按照规章操作，以防止当拆卸某一部件时，其余部分有失去平衡的危险。

⑧ 在拆塔过程中，吊运钢丝绳及吊带的选择要合理，物件

捆绑必须牢固。

⑨ 塔机拆卸对顶升机构来说是重载连续作业，所以应对顶升机构的主要受力件经常检查。

⑩ 顶升机构工作时，所有操作人员应集中精力观察各相对运动件的相对位置是否正常（如滚轮与主弦杆之间，爬升架与塔身之间），是否有阻碍爬升架运动（特别是下降运动时）的物件。

⑪ 顶升系统的检查与测试：

a. 检查液压系统各部件是否完好，有无漏、渗油现象。顶升油缸运动是否顺畅、到位。

b. 检查顶升油箱油位计显示油量在油缸完全收回时是否在1/3 到 2/3 刻度之间，如果油量减少应及时补油。

c. 操作顶升控制手柄进行试顶升动作，当液压系统压力到达溢流阀设定的压力后保持 10s，如果压力一直保持不变，则顶升系统可进行顶升加节操作。

3）拆卸程序

将塔机旋转至拆卸区域，保证该区域无影响拆卸作业的任何障碍。按下述顺序，进行塔机拆卸。其步骤与立塔组装的步骤相反。拆塔具体程序如下：

① 降塔身标准节（如有附着装置，相应的也拆卸）；

② 拆下平衡臂配重（留一块 3.2t 的配重）；

③ 起重臂的拆卸（留臂根节）；

④ 拆卸留下的一块 3.2t 的配重；

⑤ 平衡臂的拆卸；

⑥ 拆卸起重臂臂根节；

⑦ 拆卸司机室总成；

⑧ 拆卸回转总成；

⑨ 拆卸特殊节总成；

⑩ 拆卸爬升架及塔身。

以上部件的拆卸方法与安装方法相反。

4）降塔

① 将起重臂回转到引进方向（爬升架中有开口的一侧），使回转制动器处于制动状态，载重小车停在配平位置（与立塔顶升加节时载重小车的配平位置一致）。

② 拆掉最上面塔身标准节与特殊节的连接螺栓，稍稍向上顶升，将引进轮按规定方向放至标准节下方，并保证安全可靠；然后拆掉最上面的塔身标准节与下一节标准节的连接螺栓。

③ 伸长顶升油缸，将顶升横梁顶在从上往下数第三个踏步的圆弧槽内，插好防脱销，将上部结构稍稍顶起，把特殊节与爬升架连接耳板销孔对正，打入销轴，并装好开口销。

④ 拆掉最上面塔身标准节与特殊节的连接螺栓，稍稍向上顶升，并保证安全可靠；然后拆掉最上面的塔身标准节与下一节标准节的连接螺栓，并在四角安装上引进轮。

⑤ 继续顶升至最上面标准节与下方标准节离开，把标准节推出引进横梁并支稳（推出时切不可用力过猛，以免标准节冲出引进梁而倾翻，造成事故）。

⑥ 扳开活动爬爪，回缩油缸，让活动爬爪躲过距它最近的一对踏步后，复位放平，继续下降至活动爬爪支承在下一对踏步上并支承住上部结构后，退出防脱销，再回缩油缸至顶升横梁从踏步上移开。

⑦ 伸出油缸，将顶升横梁顶在下一对踏步上，插好防脱销，稍微顶升至爬爪翻转时能躲过原来支承的踏步后停止，拨开爬爪，回缩油缸，至下一标准节与特殊节相接触时为止，若连接套螺栓孔错位，可用随机爬升架调节工具调节到位（严禁用载重小车调位或打回转调整）。

⑧ 将特殊节与塔身标准节之间用高强度螺栓紧固牢，用小车吊钩将标准节吊至地面。

⑨ 重复上述动作，将塔身标准节依次拆下。

爬升架下落过程中，需用人工翻转挂靴，同时派专人看管顶升横梁和导轮，观察爬升架下降时有无被障碍物卡住的现象，以便爬升架能顺利下降，否则将造成受力不均，容易造成顶升故障。

5）拆卸其余结构件

① 拆卸平衡重

a. 将载重小车固定在起重臂根部，借助辅助吊车拆卸配重。

b. 按装配重的相反顺序，将各块配重依次卸下，仅留下3.2t×2 的配重块。

② 拆卸起重臂

放下吊钩至地面，拆除起重钢丝绳与起重臂前端的防扭装置连接，启动起升机构，回收钢丝绳，拆去除起重臂臂根外的起重臂，根据安装时的吊点位置挂绳，轻轻提起起重臂，使吊装钢丝绳处于自然紧绷状态，拆去与臂根节下弦连接的螺栓及上弦的销轴。

③ 拆卸平衡臂

a. 将最后一块平衡重吊起并平稳放至地面。

b. 当吊装钢丝绳与平衡臂处于紧绷状态时候，拆去拉杆与平衡臂臂节一总成连接销轴，然后缓慢起吊让平衡臂与平衡臂臂根节倾斜至一定角度，拆去平衡臂与平衡臂臂根节连接的销轴。

④ 拆卸起重臂臂根节和平衡臂臂根节

a. 当吊装钢丝绳与起重臂臂根节处于紧绷状态时候，拆去起重臂臂根节与平衡臂臂节总成连接螺栓，然后缓慢起吊让起重臂臂根节与平衡臂臂节倾斜至一定角度，拆去两者之间上弦杆的连接销轴。

b. 吊装平衡臂臂根节钢丝绳刚处于紧绷状态时，拆去平衡臂臂根节与上支座连接的销轴、轴套、销、锁销，缓慢吊起臂根节放置放在垫子或是木质的分割板上。

⑤ 拆卸回转总成

在安装时吊点位置用起重机吊起回转总成，然后将回转下支座与特殊节的连接销轴及立销拆下，之后将回转总成平稳吊至地面。

⑥ 拆卸特殊节

按照降塔的步骤，伸长顶升油缸，将顶升横梁轴销落入踏步的圆弧槽内，拆掉特殊节与爬升架的连接销轴，回缩顶升油缸，将爬升架的爬爪支承在塔身上，拆卸前，检查与相邻的组件之间是否还有电缆连接，然后用起重机吊起特殊节，拆下特殊节与塔身的连接销轴，将特殊节用吊索平稳放至地面上。

⑦ 拆卸爬升架

a. 用起重机吊起爬升架，拆卸顶升横梁与顶升油缸之间的销轴。

b. 回缩油缸，并使油缸自然下垂。

c. 沿着塔身方向缓慢吊起爬升架，并平稳地放在地面上。

⑧ 拆卸标准节及基础节

依次拆除标准节及基础节，完成整个拆卸工作。

6）塔机附着装置的拆卸

拆卸附着装置前必须先降低塔身，只有当塔身下降至爬升架下端与最高附着装置之间为安全距离时，并保证附着装置处于夹紧有效状态，才能拆卸。

7）塔机拆散后的注意事项

① 塔机拆散后由工程技术人员和专业维修人员进行检查。

② 对主要受力的结构件应检查其金属疲劳、焊缝裂纹、结构变形等情况，检查塔机各零部件是否有损坏或碰伤等。

③ 检查完毕后，对缺陷、隐患进行修复后，再进行防锈、刷漆处理。

第二节　常见故障的判断及处置方法

塔机在使用过程中发生故障的原因很多，主要是因为工作环境恶劣、维护保养不及时、操作人员违章作业、零部件自然磨损等多方面原因。另外，塔机在调试时有时也发生意外情况。塔机发生异常时，安装拆卸工、塔机司机等作业人员应立即停止操作，及时向有关部门报告，由专业维修人员维修，以便及时处理，消除隐患，恢复正常工作。

塔机的常见故障一般分为机械故障和电气故障两大类。由于机械零部件磨损、变形、断裂、卡塞，润滑不良以及相对位置不正确等而造成机械系统不能正常运行，统称为机械故障。由于电气线路、元器件、电气设备以及电源系统等发生故障，造成用电系统不能正常运行，统称为电气故障。机械故障一般比较明显、直观，容易判断，在塔机运行中，比较常见；电气故障相对来说比较多，有的故障比较直观，容易判断，有的故障比较隐蔽，难以判断。

1. 机械故障的判断与处置

塔机机械故障的判断和处置方法按照其工作机构、液压系统、金属结构和主要零部件分类叙述。

（1）工作机构

1）起升机构

起升机构故障的判断和处置方法，见表9-9。

起升机构故障的判断和处置方法 表9-9

序号	故障现象	故障原因	处置方法
1	卷扬机构声音异常	接触器缺相或损坏	更换接触器
		减速机齿轮磨损、啮合不良、轴承破损	更换齿轮或轴承
		联轴器连接松动或弹性套磨损	紧固螺栓或更换弹性套
		制动器损坏或调整不当	更换或调整刹车
		电动机故障	排除电气故障
2	吊物下滑（溜钩）	制动器刹车片间隙调整不当	调整间隙
		制动器刹车片磨损严重或有油污	更换刹车片，清除油污
		制动器推杆行程不到位	调整行程
		电动机输出转矩不够	检查电源电压
		离合器片破损	更换离合器片

序号	故障现象		故障原因	处置方法
3	制动副脱不开	闸瓦式	制动器液压泵电动机损坏	更换电动机
			制动器液压泵损坏	更换
			制动器液压推杆锈蚀	修复
			机构间隙调整不当	调整机构的间隙
			制动器液压泵油液变质	更换新油
		盘式	间隙调整不当	调整间隙
			刹车线圈电压不正常	检查线路电压
			离合器片破损	更换离合器片
			刹车线圈损坏或烧毁	更换线圈

2）回转机构

回转机构故障的判断和处置方法，见表 9-10。

回转机构故障的判断和处置方法　　　　表 9-10

序号	故障现象	故障原因	处置方法
1	回转电动机有异响，回转无力	液力耦合器漏油或油量不足	检查安全易熔塞是否熔化，橡胶密封件是否老化等按规定填充油液
		液力耦合器损坏	更换液力耦合器
		减速机齿轮或轴承破损	更换损坏齿轮或轴承
		液力耦合器与电动机连接的胶垫破损	更换胶垫
		电动机故障	查找电气故障
2	回转支承有异响	大齿圈润滑不良	加油润滑
		大齿圈与小齿轮啮合间隙不当	调整间隙
		滚动体或隔离块损坏	更换损坏部件

序号	故障现象	故障原因	处置方法
2	回转支承有异响	滚道面点蚀、剥落	修整滚道
		高强度螺栓预紧力不一致，差别较大	调整预紧力
3	臂架和塔身扭摆严重	减速机故障	检修减速机
		液力耦合器充油量过大	按说明书加注
		齿轮啮合或回转支承不良	修整

3）变幅机构

变幅机构故障的判断和处置方法，见表 9-11。

变幅机构故障的判断和处置方法　　　　表 9-11

序号	故障现象	故障原因	处置方法
1	变幅有异响	减速机齿轮或轴承破损	更换
		减速机缺油	查明原因，检修加油
		钢丝绳过紧	调整钢丝绳松紧度
		联轴器弹性套磨损	更换
		电动机故障	查找电气故障
		小车滚轮轴承或滑轮破损	更换轴承
2	变幅小车滑行和抖动	钢丝绳未张紧	重新适度张紧
		滚轮轴承润滑不好，运动偏心	修复
		轴承损坏	更换
		制动器损坏	经常加以检查，修复更换
		联轴器连接不良	调整、更换
		电动机故障	查找电气故障

4）行走机构

行走机构故障的判断和处置方法见表9-12。

行走机构故障的判断和处置方法　　表9-12

序号	故障现象	故障原因	处置方法
1	运行时啃轨严重	轨距铺设不符合要求	按规定误差调整轨距
		钢轨规格不匹配，轨道不平直	按标准选择钢轨，调整轨道
		台车框轴转动不灵活，轴承润滑不好	经常润滑
		台车电动机不同步	选择同型号电动机，保持转速一致
2	驱动困难	啃轨严重，阻力较大，轨道坡度较大	重新校准轨道
		轴套磨损严重，轴承破损	更换
		电动机故障	查找电气故障
3	停止时晃动过大	延时制动失效，制动器调整不当	调整

（2）液压系统

液压系统故障的判断和处置方法，见表9-13。

液压系统故障的判断和处置方法　　表9-13

序号	故障现象	故障原因	处置方法
1	顶升时颤动及噪声大	液压系统中混有空气	排气
		油泵吸空	加油
		机械机构、液压缸零件配合过紧	检修，更换
		系统中内漏或油封损坏	检修或更换油封
		液压油变质	更换液压油

序号	故障现象	故障原因	处置方法
2	带载后液压缸下降	双向液压锁或节流阀不工作	检修，更换
		液压缸泄漏	检修，更换密封圈
		管路或接头漏油	检查，排除，更换
3	带载后液压缸停止升降	双向液压锁或节流阀失灵	检修，更换
		与其他机械机构有挂、卡现象	检查，排除
		手动液控阀或溢流阀损坏	检查，更换
4	顶升缓慢	单向阀流量调整不当或失灵	调整检修或更换
		油箱液位低	加油
		液压泵泄漏	检修
		手动换向阀换向不到位或阀泄漏	检修，更换
		液压缸泄漏	检修，更换密封圈或油封
		液压管路泄漏	检修，更换
		油温过高	停止作业，冷却系统
		油液杂质较多，滤油网堵塞，影响吸油	清洗滤网，清洁液压油或更换新油
5	顶升无力或不能顶升	油箱存油过低	加油
		液压泵反转或效率下降	调整，检修
		溢流阀卡死或弹簧断裂	检修，更换
		手动换向阀换向不到位	检修，更换
		油管破损或漏油	检修，更换
		滤油器堵塞	清洗，更换

序号	故障现象	故障原因	处置方法
5	顶升无力或不能顶升	溢流阀调整压力过低	调整溢流阀
		液压油进水或变质	更换液压油
		液压系统排气不完全	排气
		其他机构干涉	检查，排除

（3）金属结构

金属结构故障的判断和处置方法，见表9-14。

金属结构故障的判断和处置方法　　表9-14

序号	故障现象	故障原因	处置方法
1	焊缝和母材开裂	超载严重，工作过于频繁产生比较大的疲劳应力，焊接不当或钢材存在缺陷等	严禁超负荷运行，经常检查焊缝，更换损坏的结构件
2	构件变形	密封构件内有积水，严重超载，运输吊装时发生碰撞，安装拆卸方法不当	要经过校正后才能使用；但对受力结构件，禁止校正，必须更换
3	高强度螺栓连接松动	预紧力不够	定期检查，紧固
4	销轴退出脱落	开口销未打开	检查，打开开口销

（4）钢丝绳、滑轮

钢丝绳、滑轮故障的判断和处置方法，见表9-15。

钢丝绳、滑轮故障的判断和处置方法　　表9-15

序号	故障现象	故障原因	处置方法
1	钢丝绳磨损太快	钢丝绳滑轮磨损严重或者无法转动	检修或更换滑轮
		滑轮绳槽与钢丝绳直径不匹配	调整使之匹配

序号	故障现象	故障原因	处置方法
1	钢丝绳磨损太快	钢丝绳穿绕不准确、啃绳	重新穿绕、调整钢丝绳
2	钢丝绳经常脱槽	滑轮偏斜或移位	调整滑轮安装位置
		钢丝绳与滑轮不匹配	更换合适的钢丝绳或滑轮
		防脱装置不起作用	检修钢丝绳防脱装置
3	滑轮不转及松动	滑轮缺少润滑，轴承损坏	经常保持润滑，更换损坏的轴承

2. 电气故障的判断及处置

塔机电气控制系统故障的判断和处置方法，见表9-16。

电气控制系统故障的判断和处置方法　　　　表9-16

序号	故障现象	故障原因	处置方法
1	按下启动按钮，主接触器不吸合	工作电源未接通	检查塔机电源开关箱，接通
		电压过低	暂停工作
		过电流继电器辅助触头断开	查明原因，复位
		主接触器线圈烧坏	更换主接触器
		操作手柄不在零位	将操作手柄归零
		主起动控制线路断路	排查主起动控制线路
		启动按钮损坏	更换启动按钮
2	启动后，控制线路开关断开	控制回路线路短路、接地	排查控制回路线路
3	接触器噪声大	衔铁芯表面积尘	清除表面污物
		短路环损坏	更换修复
		主触点接触不良	修复或更换
		电源电压较低，吸力不足	测量电压，暂停工作

序号	故障现象	故障原因	处置方法
4	吊钩只下降不上升	起重量、高度、力矩限位误动作	更换、修复或重新调整各限位装置
		起升控制线路断路	排查起升控制线路
		接触器损坏	更换接触器
5	吊钩只上升不下降	下降控制线路断路	排查下降控制线路
		接触器损坏	更换接触器
6	回转只朝同一方向动作	回转限位误动作	重新调整回转限位
		回转线路断路	排查回转线路
		回转接触器损坏	更换接触器
7	变幅只向后不向前	力矩限位、重量限位、变幅限位误动作	更换、修复或重新调整各限位装置
		变幅向前控制线路断路	排查变幅向前控制线路
		变幅接触器损坏	更换接触器
8	变幅只向前不向后	变幅向后控制线路断路	排查变幅向后控制线路
		变幅接触器损坏	更换接触器
9	带涡流制动器的电机低速挡速度变快	整流器击穿	更换整流器
		涡流线圈烧坏	更换或修复线圈
		线路故障	检查修复
10	塔机工作时经常跳闸	漏电保护器误动作	检查漏电保护器
		线路短路、接地	排查线路，修复
		工作电源电压过低或压降较大	测量电压，暂停工作
11	电磁制动器动作不正常	摩擦片磨损较大	调整间隙
		制动弹簧失效	更换制动弹簧
		动作迟缓	调整间隙，检查励磁电压
		摩擦盘、制动盘被卡死	清除杂物，使之动作灵活
		摩擦盘有油污	清除污垢，保持制动状态

序号	故障现象	故障原因	处置方法
11	电磁制动器动作不正常	释放手柄处于释放位置	旋回释放手柄，保持制动状态
		励磁线圈损坏	更换励磁线圈
12	电动机空载时不能起动	电动机馈电线路断电	检查馈电线间电压
		电动机三相电源中有一相断路	检查断路器和各项电源
		定子绕组损坏	更换定子绕组
		转子绕组损坏	更换转子绕组
		电刷接触不良	调整电刷
		电磁制动未动作，处于制动状态	检查电磁制动器的电源及释放机构并排除故障
13	电动机负载时不能起动	定、转子绕组匝间短路	检查各相电阻和电流
		电刷接触不良	调整电刷
		过载	消除过载
		电磁制动器未动作，处于制动状态	检查电磁制动器的电源和释放机构并排除故障
14	电动机过热	定、转子绕组匝间短路	检查电动机定、转子绕组
		电动机电源电压过高或过低	检查供电电源电压
		电动机过载	消除过载
		启动次数过多	改进操作方法
		制动器动作迟缓	检查制动器气隙和励磁电压
		电动机内部风道堵塞，表面堆积灰尘、纤维	清楚堵塞物，畅通风道，保持电动机表面清洁
		工作制不符合规定	调整电动机工作制
15	断路器动作	电动机定、转子绕组相间短路	修理定子绕组
		电压过低	调高电压

序号	故障现象	故障原因	处置方法
16	绝缘电阻低或击穿	绝缘老化或损伤	检查绝缘
		绝缘表面不清洁	清除绝缘表面的杂物
		定、转子绝缘或线圈受潮	拆开烘干后处理再用
		电动机过热	查明原因排除故障
17	电动机振动较大	花键啮合不同心	调节准确
		转子不平衡	校正转子平衡
		摩擦盘不平衡	校正摩擦盘平衡
		轴承跳动大	修理或更换轴承
		电动机装配及安装不妥	查明原因排除故障
18	轴承发响或过热	轴承损坏或不良	更换轴承
		电动机装配及安装不良	检查装配及安装情况
		转轴弯曲	检查转子各部分的偏心现象，进行校正
19	电刷与电环之间跳火花	电刷磨损较大	更换电刷
		集电环损坏	修复或更换集电环
		恒压刷握失效	更换恒压刷握
		电刷与集电环接触不良	调整电刷，使之接触良好
20	轴伸出端漏油	油封磨损较大	更换油封
		凸缘端盖有砂眼	修复或更换凸缘端盖
		轴承盖紧固螺栓处有间隙	用密封胶密封

3. 发生电气火灾的原因及灭火方法

塔机发生电气火灾的原因很多，主要是由于电气设备的安装和日常维护不善，电气设备有运行中超过额定负荷，发生线路短路，过热和打火花造成。因此在司机室内必须配置符合规定的消防器材，并应配备救生安全绳。

（1）线路故障

1）短路：发生短路故障时，线路中的电流增加为正常时的几倍，产生的热量与电流成正比。当温度达到可燃物的燃点时，就会造成火灾。

2）过载：过载也会引起设备发热。造成过载有以下三种情况：一是设计选用线路和设备不合理，导致在额定负载下出现过热；二是使用不合理，塔机长时间超负荷运行，造成线路或设备过热；三是故障运行，如三相电源缺一相。

3）接触不良：各种接触器接触点没有足够压力或接触面粗糙不平，均会导致触头过热。

4）散热不良：电阻器安装不合理或使用时损坏、变形、热量积蓄过高。

（2）合理使用消防器材

电气火灾发生后，电气设备可能因绝缘损坏而碰壳短路，电气线路也可能因断落而接地短路，使正常不带电的金属构架和地面带电。因此，火灾发生后首先要切断电源。无法切断时，则要合理使用消防器材，防止触电事故发生。

1）塔机电气火灾多发生在司机室内、小车拖缆线、控制屏等处，扑救时要使用1211、干粉或二氧化碳等不导电的灭火器材，并保持一定的安全距离。

2）1211手提式灭火器正确的使用方法是：使用前首先拔掉安全销，一只手紧握压把，将喷嘴对准火源根部，向火源边缘左右扫射，并迅速向前推进。操作时禁止将灭火器水平或颠倒使用。

3）干粉式灭火器正确的使用方法是：使用时一只手握住喷嘴，另一只手向上拉起提环，握住提柄，将灭火器上、下颠倒数次，使干粉预先松动，喷嘴对准火焰根部进行灭火。

第三节　安装自检的内容和方法

1. 塔机安装前的自检内容及方法

（1）塔机基础的自检

塔机安装前应根据专项施工方案，对塔机基础进行检查，确认合格后方可实施安装工作。

1）塔机基础的位置、标高和尺寸。

自检方法：参照专项施工方案，使用经纬仪、标尺等进行检验。

2）确认基础的隐蔽工程验收合格和混凝土强度合格。

自检方法：基础制作过程中对隐蔽工程进行验收，确保其严格按施工方案作业；同时查阅送检的基础混凝土试样强度报告，确保结论是合格。

3）塔机基础必须有可行有效的排水措施。

自检方法：现场察看基础的排水设施，确认其可行性和有效性。

4）辅助安装设备站位处的地基承载力满足使用要求。

自检方法：要求建设单位或施工单位提供施工现场地基承载力试验报告，确认站位处的地基承载力满足辅助安装设备的站位工作要求。

（2）辅助安装设备的检查

1）对辅助安装设备的站位情况进行检查，确保站位坚实牢靠，必要时要加强固定。

自检方法：根据辅助安装设备的使用说明书进行检查。

2）对辅助安装设备机械外观和安全使用性能进行检查，确保其合格后方可作业。

自检方法：目测检查，查阅相关设备使用说明书。

（3）对安装所使用的钢丝绳、卡环、吊具等检查

自检方法：目测或使用卡尺等工具进行检查，同时参照专项施工方案，查验其是否按照方案规定的规格和数量进行配备。

（4）对塔机部件的自检

1）对钢结构部件的检查，确保其无变形、无裂纹、焊缝无缺陷、无过度锈蚀等。

自检方法：目测，必要时配合放大镜、测厚仪等工具。

2）对各工作机构进行检查，确保外观完好，动力元件、执行元件、安全装置等齐全，无破损。

自检方法：目测。

3）对塔机所使用的钢丝绳进行检查，确保其无断丝、无乱股、无笼状畸变、无扭结、无压扁、无弯折等现象，或者有这些现象，但均不在失效、报废范畴之内。

自检方法：目测，必要时配合卡尺等工具。

4）对滑轮及其防脱绳装置等进行检查，确保滑轮转动良好，防脱绳装置也完整可靠。

自检方法：目测、现场转动滑轮测试等。

2. 塔机安装后的自检内容及方法

（1）基本要求

1）塔机运动部分与建筑物及建筑物外围施工设施之间的最小距离不小于 0.6m。

自检方法：目测检查，必要时实际测量。

2）两台塔机之间的最小架设距离应保证处于低位的塔机的臂架端部与另一台塔机的塔身之间至少应有 2m 的距离；处于高位塔机的最低位置的部件与低位塔机中处于最高位置部件之间的垂直距离应不小于 2m。

自检方法：目测检查，必要时实际测量。

3）塔顶高度大于 30m 且高于周围建筑物的塔机，应在塔顶和臂架端部装设红色障碍指示灯，该指示灯不得因塔机停机而停电。

自检方法：目测检查。

4）塔机自由端高度不得大于使用说明书允许高度。

自检方法：使用卷尺测量，查阅使用说明书等资料。

5）臂架根部铰点高度大于 50m 应装设风速仪。

自检方法：目测检查。

6）有架空输电线的场所，塔机的任何部位与输电线的安全距离，应符合表 9-17 的规定。

		塔机与输电线安全距离					表 9-17	

电压(kV) 安全 距离(m)	<1	10	35	110	220	330	500
沿垂直方向(m)	1.5	3.0	4.0	5.0	6.0	7.0	8.5
沿水平方向(m)	1.5	2.0	3.5	4.0	6.0	7.0	8.5

自检方法：目测检查。必要时实际测量。

7）起重公称力矩 3150kN・m 及以上的普通塔机应安装安全监控系统，且完好有效。

8）塔机公称力矩 400kN・m 以下（含 400kN・m）出厂超过 8 年，公称力矩 400～630kN・m（不含 400kN・m 和 630kN・m）出厂超过 10 年，公称力矩 630～1250kN・m（不含 1250kN・m）出厂超过 15 年，公称力矩 1250kN・m 以上（含 1250kN・m）出厂超过 20 年，必须进行性能试验和结构应力测试。

自检方法：查阅资料。

（2）结构件

1）主要结构件无扭曲、变形、裂纹和严重锈蚀，焊缝应无明显可见的焊接缺陷。

自检方法：目测，必要时用测厚仪、放大镜等工具检查。

2）主要结构连接件应安装正确且无缺陷。销轴有可靠轴向止动且正确使用开口销，高强度螺栓连接按要求预紧，有防松措施，且螺栓高于螺母顶平面 3 倍螺距。

自检方法：目测，必要时工具检测。

3）平衡重、压重的安装数量、位置应与设计要求相符，且相互间有可靠固定，能保证正常工作时固定连接可靠，不位移、不脱落。

自检方法：根据安装说明书确认平衡重的重量，检查安装状况。

4）塔机安装后，在空载、风速不大于 3m/s 的状态下，塔身轴心线对支承面的侧向垂直度允差，附墙以上独立部分不大于4/1000，最高附墙以下不大于2/1000。

自检方法：将标尺分别水平固定在塔机臂架铰点附近和基础节（或最高附着点）位置，其中心位于塔身中心线上，臂架先后转到其纵向轴线与塔身截面的一个中心线（X或Y轴）重合的位置，分别在两个方向用经纬仪测量两标尺水平误差，即垂直度误差。

5）斜梯扶手高度不应低于1m，斜梯的扶手间宽度不小于600mm，踏板应由具有防滑性的金属材料制作，踏板横向宽度不小于300mm，梯级间隔不大于300mm。斜梯及扶手固定可靠。

自检方法：目测检查，必要时用钢卷尺测量。

6）直立梯边梁之间宽度不小于300mm，梯级间隔不大于300mm，直立梯与后面结构件间的自由空间不小于160mm；高于地面2m以上的直立梯应设置直径为600～800mm的护圈。

自检方法：目测检查，必要时用钢卷尺测量。

7）当梯子高度超过10m时，应设置休息小平台，第一个小平台应在不超过12m高度处，以上每10m设置一个。平台和走台宽度应不小于500mm，在边缘应设置不小于150mm高的挡板。对快装的塔机或变幅小车上设置与小车一起移动的安全工作平台时，可以不设臂架走台。

自检方法：目测检查，必要时用钢卷尺测量。

8）对附着式起重机，附着装置与塔身节或建筑物的连接必须安全可靠，连接件不应缺少或松动，附墙间距与附着距离符合使用说明书要求；当附墙距离超过使用说明书规定时，应有专项施工方案并附计算书。

自检方法：查阅安装说明书，目测检查。

（3）吊钩

1）吊钩应有警示标记和防脱钩装置，不得使用铸造吊钩。

自检方法：外观检查。

2）吊钩表面不应有裂纹、破口、凹陷、孔穴等缺陷，不得焊补。吊钩危险断面及挂绳处不得有永久变形。

自检方法：外观检查，必要时用20倍放大镜检查。

3）吊钩挂绳处断面磨损量不大于原高度10％。

自检方法：外观检查，必要时用卡尺测量。

4）有滑轮防脱槽装置，且与滑轮的间隙小于绳径20％。

自检方法：外观检查，必要时用卡尺测量。

5）心轴固定完整可靠，心轴磨损量不超过其直径的5％。

自检方法：目测检查。

6）开口度比原尺寸增加不超过10％。

自测方法：外观检查，必要时用卡尺测量。

（4）行走系统

1）应设置大车行走限位并可靠有效，停车后与挡架距离不小于1m。

自检方法：大车行至限位开关处停止运行，用卷尺测量距离。

2）在距轨道终端2m处设置大车行走缓冲装置。

自检方法：用卷尺量，目测。

3）在距轨道终端1m处设置端部挡架，其高度不小于行走轮的半径。

自检方法：用卷尺量，目测。

4）应设置行走防护挡板。

自检方法：目测。

5）应设置不妨碍行走的防风夹轨器。钢轨接头位置应支承在行道木或路基箱上，不得悬空。

自检方法：目测。

6）钢轨接头间隙不大于4mm。接点处两轨顶高差不大于2mm。

自检方法：用卡尺测量。

7）轨道顶面纵、横方向上的倾斜度分别不大于3/1000（上回转式)、5/1000（下回转式）。在轨道全程中，轨道顶面任意两点的高度差应小于100mm。

自检方法：用水平仪测量。

8）左右钢轨接头处的错开距离大于1.5m。

自检方法：用卷尺量。

9）设置轨距拉杆且间距不大于6m。

自检方法：用卷尺量。

10）轨距误差不大于1/1000，且不超过6mm。

自检方法：用卷尺量。

（5）钢丝绳（起升系统）

1）钢丝绳绳端固定应牢固、可靠。压板固定时应可靠，卷筒上的绳端固定装置应有防松或自紧的性能；金属压制接头固定时，接头不应有裂纹；楔块固定时，楔套不应有裂纹，楔块不应松动。绳卡固定时，绳卡安装应正确，绳卡数应满足要求。

自检方法：目测。

2）钢丝绳放出最大工作长度后，卷筒上至少应保留3圈钢丝绳作为安全圈。

自检方法：将吊钩放到最低工作位置，检查安全圈数。

3）钢丝绳的规格、型号应符合设计要求，与滑轮和卷筒相匹配，并正确穿绕。钢丝绳应润滑良好。不应与金属结构摩擦。

自检方法：对照使用说明书查验，外观检查。

4）钢丝绳不应有扭结、压扁、弯折、断股、笼状畸变、断芯等，钢丝绳断丝数不应超过相应规定的数值。

自检方法：外观检查。

5）钢丝绳直径减小量不大于公称直径的7％。

自检方法：外观检查。用卡尺测量。

（6）卷扬机（起升系统）

1）多层缠绕的卷筒，端部应有比最外层钢丝绳高出2倍钢丝绳直径的凸缘。卷筒上钢丝绳应排列有序，设有防钢丝绳脱槽装置。当吊钩处于最低位置时，卷筒上钢丝绳应至少保留3圈。

自检方法：外观检查，必要时用钢直尺测量。

2）卷筒上钢丝绳绳端固结应符合使用说明书和相关规范要求。

自检方法：外观检查，查阅相关资料。

3）卷筒不应有裂纹、轮缘破损、卷筒壁磨损量达原壁厚的 10％。

自检方法：外观检查，必要时用卡尺、测厚仪等工具测量。

4）卷扬机应无渗漏，润滑良好，连接紧固件应完整、齐全；当额定荷载试验时，应运行平稳，无异响。

自检方法：外观目测检查。

（7）滑轮（起升系统）

滑轮应转动良好，出现下列情况应报废：

1）出现裂纹、轮缘破损等损伤钢丝绳的缺陷；

2）轮槽壁厚磨损达原壁厚的 20％；

3）轮槽底部直径减少量达钢丝绳直径的 25％或槽底出现沟槽。

自检方法：外观检查，必要时用卡尺、测厚仪等工具测量。

（8）制动器（起升系统）

1）制动器零件不能有以下几种情况：

① 可见裂纹；

② 制动块摩擦衬垫磨损量达原壁厚的 50％；

③ 制动轮表面磨损量达 2mm；

④ 弹簧出现塑性变形；

⑤ 电磁铁杠杆系统空行超过其额定行程的 10％。

自检方法：外观检查，必要时使用测量工具。

2）外露的运动零部件应设防护罩。

自检方法：目测。

3）制动器调整适宜，制动平稳可靠。

自检方法：通过荷载试验验证。

（9）回转系统

1）回转减速机应固定可靠，外观应整洁，润滑良好；在非工作状态下，臂架应能自由旋转。

自检方法：外观检查。

2）齿轮啮合应均匀平稳，无裂纹，无断齿、啃齿和过度磨损等。

自检方法：外观检查，必要时测量。

3）回转机构防护罩应完整，无破损。

自检方法：外观检查。

（10）变幅系统

1）对小车变幅的塔机，应有小车行走前后缓冲装置和行走端部挡架。

自检方法：目测。

2）对小车变幅的塔机，应设置小车断绳和小车防坠落保护装置；应设置小车检修吊篮且连接可靠；应设置变幅限位且可靠有效。

自检方法：目测，必要时通过试验、实际测量。

3）动臂式起重机应设置臂架低位置和臂架高位置的幅度限位开关，以及防止臂架反弹后翻的装置。

自检方法：目测，必要时通过试验，实际测量。

4）钢丝绳、卷扬机、滑轮、制动器等自检方法同起升系统。

（11）顶升系统

1）顶升支承梁爬爪、爬升支承座等无变形、裂纹。

自检方法：外观检查。

2）液压泵站、安全溢流阀、平衡阀或液压锁、管路及其接头完好无明显渗漏油渍。

自检方法：目测。

3）齿轮齿条爬升时齿轮齿条啮合应均匀。齿轮齿条爬升应设上下限位器。

自检方法：目测。

4）顶升横梁防脱装置良好。

自检方法：目测。

（12）司机室

1）司机室结构牢固，固定可靠。

自检方法：外观检查。

2）司机室内应有绝缘地板和灭火器。

自检方法：外观检查。

3）升降司机室应设置防断绳坠落装置，装置动作灵敏，有效可靠；还应设上、下极限限位装置和缓冲装置，装置动作灵敏，有效可靠。

自检方法：外观检查。

（13）电气控制系统

1）开关箱安装高度及距离应符合《施工现场临时用电安全技术规范》JGJ 46—2005 的规定，漏电保护器安装正确，参数匹配且灵敏、可靠。

自检方法：目测检查，操作试验。

2）塔机的金属结构、轨道、所有电气设备的金属外壳、金属线管、安全照明的低压侧变压器均应可靠接地。接地装置明显外露，接地电阻不大于 4Ω，重复接地装置的接地电阻不应大于 10Ω。

自检方法：用接地电阻仪测量。

3）动力电路和控制电气线路对地的绝缘电阻不应小于 $0.5M\Omega$。

自检方法：断电，人为使塔机上的接触器、开关全部处于闭合状态，使塔机电气线路全部导通，将 500V 兆欧表 L 端接于电气线路，E 端接于起重机金属结构或接地极上，测量绝缘电阻值；上述方法有困难时，可采用分段测量的方法。测量时应将容易击穿的电子元件短接。

4）应设置非自动复位型紧急断电开关，该开关应设在司机操作方便的地方。

自检方法：目测，操作试验。

5）应设有短路、过流、欠压、过压、失压保护、零位保护、电源错相及断相保护装置。

自检方法：目测，操作试验。

（14）安全装置

1）起重力矩限制器

自检方法：当起重力矩大于相应工况下额定值并小于该额定值的110%时，应切断上升和幅度增加方向的电源，但机构可做下降和减小幅度方向的运动。可通过以下两种方法进行验证：

① 定码变幅法：按特性曲线选定某一幅度的额定荷载，小车位于该幅度上，起吊额定荷载，然后逐渐增大幅度至发出超载报警信号，此时应能终止增大幅度的运行，力矩不得超110%的额定力矩。

② 定幅变码法：选定某一工作幅度起升额定荷载，以额定速度起升、下降，全过程中正常起动3次，力矩限制器不应动作；保持荷载离地面100~200mm，逐渐无冲击加载至发出超载报警信号，此时应能切断上升方向动作，力矩不得超过110%的额定力矩。

2）起重量限制器

自检方法：起升额定荷载以额定速度起升、下降，全过程中正常制动3次，起重量限制器不动作；保持荷载离地面100~200mm，逐渐无冲击继续加载，当起重量限制器发出超载报警信号，此时应已切断上升方向动作，荷载不超过110%额定荷载。

3）起升高度限位器

自检方法：当吊钩装置起升到规定极限位置时，应能停止吊钩起升，但吊钩应能做下降运动。空载时，吊钩以最低稳定速度上升碰撞限位装置，应停止上升运行。

（15）附着装置

1）附着装置各构件不能有变形、裂纹等缺陷。

自检方法：外观检查。

2）附着间距符合使用说明书要求，附着杆与水平面之间的倾斜角不能超过 10°。

自检方法：查阅资料，测量相关数据。

3）塔身与附着框架固定应可靠且安装位置符合规定要求。

自检方法：外观检查。

4）附着框架、附着杆件、墙体预埋件等处的螺栓、销轴、楔块等安装齐全可靠。

自检方法：外观检查。

5）最高附着点以上塔身轴线对支承面垂直度不大于 4/1000。

自检方法：用经纬仪、标尺等测量。

（16）荷载试验

根据规定要求塔机安装完毕后，在自检合格的基础上要做相应的荷载试验。

1）空载试验

塔机空载状态下，起升、回转、变幅、运行各动作的操作试验。需检查：

① 操作系统、控制系统、联锁装置动作的准确性和灵活性；

② 各行程限位器的动作准确性和可靠性；

③ 各机构中无相对运动部位是否有漏油现象，有相对运动部位的渗漏情况，各机构运动的平稳性，是否有爬行、震颤、冲击、过热、异常噪声等现象。

2）额定荷载试验

额定荷载试验按表 9-18 进行。每一工况试验不少于 3 次。各参数的测定值取为 3 次测量的平均值。

3）110％额定荷载动载试验

110％额定荷载动载试验按表 9-19 进行，每一工况试验不少于 3 次，每一次的动作停稳后再进行下一次启动。

4）125％额定荷载静载试验按表 9-20 进行，试验时臂架分别位于与塔身呈 0°和 45°的两个方位。

表9-18

额定荷载试验

工况	试验方法					试验目的
	起升	变幅		回转	运行	
		动臂变幅	小车变幅			
最大幅度相应的额定重量	在起升全程范围内以额定速度进行正常制动	在最大幅度和最小幅度间，臂架以额定速度进行俯仰变幅	在最大幅度和最小幅度间，小车以额定速度进行两个方向的变幅	以额定速度行左右回转行不能全回转过的塔机，应超过最大回转角	以额定速度复行走、臂架垂直于物品，吊重离地500m左右，在返运行不小于20m	测量各机构的运动速度；机构动作速度及司机室噪声；力矩限制器、起重量限制器制器精度
最大额定起重量相应的最大幅度	进行起升、下降，在每一起升、下降过程中进行不少于三次的正常制动	在最小幅度和对应该起重量允许的最大幅度间，小车以额定速度进行两个方向的变幅				
具有多挡变速的起升机构，每挡速度允许的额定起重量						测量每挡工作速度

注：1. 对设计规定不能带载变幅的动臂式塔机，可不按本表规定进行带载变幅试验。

2. 对可变速的其他机构，应进行试验并测量各挡工作速度。

表9-19

110%额定荷载动载试验

工况	试验方法					试验目的
	起升	变幅		回转	运行	
		动臂变幅	小车变幅			
最大幅度相应的额定起重量的110%	在起升全程范围内以额定速度进行起升、下降	在最大幅度和最小幅度间，臂架以额定速度进行俯仰变幅	在最大幅度和最小幅度间，小车以额定速度进行两个方向的变幅	以额定速度进行左右回转，行不能全回转的塔机，应超过最大回转角	以额定速度在复行走、臂架垂直于轨道、吊重离地500m左右，往返运行不小于20m	根据设计要求进行组合动作试验，并目测检查各机构运转的灵活性和制动器的可靠性。卸载后检查机构及机构后各部件有无松动和破坏等异常现象
起吊最大额定起重量的110%，在该吊重相应的最大幅度时		/	在最小幅度和起重量允许的最大幅度间，小车以额定速度进行两个方向的变幅			
在上两个幅度的中间幅度处，相应额定重量的110%	/			/	/	/
具有多挡变速的起升机构，每挡速度允许的额定起重量的110%						

注：对设计规定不能带载变幅的动臂式塔机，可不按本表规定进行带载变幅试验。

125%额定荷载静载试验

表 9-20

工况	试验方法	试验目的
最大幅度相应的额定起重量的 125%	起升额定荷载，离地 100～200mm，停稳后，逐次加载至起重量的 125%，测量荷载离地高度，停留 10min 后在同一位置测量并进行比较	检查制动器可靠性，并在卸载后目测检查塔机是否出现可见裂纹、永久变形、油漆剥落、连接松动及其他可能对塔机性能和安全有影响的隐患
起吊最大额定起重量的 125%，在该吊重相应的最大幅度时		
在上两个幅度的中间幅度处，相应额定重量的 125%		

注：1. 试验时不允许对制动器进行调整；

    2. 试验时允许对力矩限制器、起重量限制器进行调整。试验后应重新将其调整到规定值。

第四节　安装拆除过程中的安全管理

1. 塔机的安装、拆卸必须由取得建设行政主管部门颁发的拆装资质证书、安全生产许可证的单位进行，严禁无资质、超资质范围从事起重机械安装拆卸作业。

2. 塔机安装、拆卸前，应编制专项施工方案，专项施工方案应根据塔机使用说明书和作业场地的实际情况编制，并应符合国家现行相关标准的规定。专项施工方案应由本单位技术、安全、设备等部门审核、技术负责人审批后，经监理单位批准实施。超过一定规模的要组织专家论证。

3. 塔机安装拆卸人员、司机、司索信号工必须取得建筑施工特种作业人员操作资格证书。

4. 塔机安装拆卸作业前，安装拆卸单位应当按照要求办理安装拆卸告知手续。

5. 塔机安装拆卸作业前，应当向现场管理人员和作业人员进行安全技术交底。

6. 塔机安装拆卸作业要严格按照专项施工方案组织实施，相关管理人员必须在现场监督，发现不按照专项施工方案施工的，应当要求其立即整改。指挥人员应熟悉拆装作业方案，遵守塔机拆装工艺和操作规程，使用明确的指挥信号进行指挥。所有参与拆装作业的人员，都应听从指挥，如发现指挥信号不清或有错误时，应停止作业，待联系清楚后再进行。

7. 塔机的顶升、附着作业必须由具有相应资质的安装单位严格按照专项施工方案实施。

8. 遇大风、大雾、大雨、大雪等恶劣天气，严禁塔机的安装、拆卸和顶升作业。

9. 辅助起重机械的起重性能必须满足吊装要求，安全装置必须齐全有效，吊具、索具必须安全可靠，场地必须符合作业要求，地面要平整坚实，松软的土层要夯实或采取其他加固措施，确保辅助安装拆卸吊机的稳定安全作业。

10. 在塔机的安装、拆卸阶段，进入现场的作业人员必须穿戴安全帽、防滑鞋、安全带等防护用品，无关人员严禁进入作业区域内。在安装、拆卸作业期间应设警戒区。

11. 塔机的安装、拆卸作业应在白天进行。当需在夜间进行塔机安装和拆卸作业时，应保证提供足够的照明。

12. 塔机安装、拆卸、加节或降节作业时，其最大安装高度处的风速不应大于 13m/s。当遇大风、浓雾和雨雪等恶劣天气时，应停止作业。

13. 塔机安装、拆卸作业过程中，应注意吊物宜缓起、缓放，并保持吊物移动过程中的平稳性。

14. 连接件及其防松防脱件严禁用其他代用品代用。连接件及其防松防脱件应使用力矩扳手或专用工具紧固连接螺栓。

15. 在塔机安装、拆卸作业过程中，当遇天气剧变、突然停电、机械故障等意外情况，短时间不能继续作业时，必须使已拆装的部位达到稳定状态并固定牢靠，经检查确认无隐患后，方可停止作业。

16. 塔机顶升前，应将回转下支座与顶升套架可靠连接，并应进行配平。顶升过程中，应确保平衡，不得进行起升、回转、变幅等操作。顶升结束后，应将标准节与回转下支座可靠连接。

17. 塔机加节后需进行附着的，应按照先装附着装置、后顶升加节的顺序进行。附着装置必须符合标准规范要求。拆卸作业时应先降节，后拆除附着装置。

18. 在塔机安装过程中，必须分阶段进行技术检验。塔机安装完毕及附着作业后，应当按规定进行自检、检验和验收，验收合格后方可投入使用。

19. 在拆除因损坏或其他原因而不能用正常方法拆卸的塔机时，必须按照技术部门批准的安全拆卸方案进行。

20. 当用于拆卸作业的辅助起重设备设置在建筑物上时，应明确设置位置、锚固方法，并应对辅助起重设备的安全性及建筑物的承载能力等进行验算。

第十章　塔式起重机常见事故原因、处置方法及维护保养

第一节　常见事故原因及处置方法

由于塔式起重机的安装、拆卸作业都属于高空作业，所以因其而诱发的不安全因素较多。从近年来塔式起重机的事故案例来看，绝大部分比例的塔机事故发生在塔机的安装、拆卸（包括顶升作业）过程中。其中因管理人员和塔机拆装作业等人为因素造成事故的比例居多。

塔机安装、拆卸作业事故原因往往是因为拆装人员违规操作造成的，有的是拆装前未能仔细检查塔机的各项性能，有的是制定的安装、拆卸方案未考虑安拆时可能遇到的偶然突发性因素出现的可能性，如天气状况、供电情况变化等。此外由于塔机安装、拆卸过程中销轴脱落，前后臂受力不平衡而引起的折臂伤人事故；由于塔机频繁的安装、拆卸，构件受力变化大，塔身顶升或降塔时爬爪未就位或上部结构不平衡等原因造成的事故。综合上述，塔机安装、拆卸过程中诱发事故的原因主要如下：

1. 塔机基础原因

塔机基础未按照厂家使用说明书规定的要求进行制作。原因如下：

（1）塔机基础所处位置地基承载力不满足要求，而后期的基础处理及加固没有经过严格的验算，就自行制作。

（2）因特殊的现场条件无法完全按照厂家使用说明书的要求制作，而新设计的基础方案没有经过专业的设计团队把关或未经过严格、缜密的验算就开始施工。

（3）就是利用原有的塔机基础，在未经抗倾覆稳定性和强度条件验算的情况下，盲目采用植筋代替应事先预埋在基础里的连接件，导致在安装过程中植筋被拔起。

（4）塔机基础所使用的地脚螺栓达不到使用安全技术要求，地脚螺栓断裂而引发塔机倾翻。

处置方法：

（1）必须事先应严格勘测塔机基础所在位置处的地质情况。

（2）结合厂家提供的塔机基础方案，同时根据现场具体的地质情况设计制定相应的基础专项方案，并对基础设计进行验算，确保基础设计满足塔机抗倾覆稳定性和地基承载力的要求。

（3）严格按照塔机基础制作方案和工艺流程进行作业。

（4）在进行基础设计时必须要有排水设施，在多雨地区或夏季施工阶段，还要控制基础沉降和泥石流失现象。

（5）塔机基础混凝土的强度等级必须为 C35 以上，遇到特殊情况时，应提高混凝土的强度；塔机基础混凝土必须要做强度试压，待达到 80％强度时，方可进行上部结构的安装。

2. 销轴脱落

（1）安装时未装开口销或用铁丝代替开口销。

（2）不装压板或开口销，将销轴与结构焊接（销轴与钢结构材料不同，可焊性差，在持续震动冲击下很容易开焊，导致销轴脱落）。

（3）轴端挡板螺固螺栓未装弹簧垫或紧固不牢，长期振动造成脱落，压板不起作用导致销轴脱落。

（4）臂架接头处三角挡板因多次拆卸发生变形或脱焊，导致臂架销轴脱落。

处置方法：

（1）严禁使用铁丝或其他物件代替开口销。

（2）严禁销轴与钢结构进行焊接。

（3）加强塔机安装、拆卸前后的检查力度，保证结构件的完好性及所有销轴都装有开口销或压板。

（4）加强使用螺栓的检查，除高强度螺栓外，其他所有螺栓都要使用弹簧垫，紧固牢固。

3. 塔机顶升套架的滑落

塔机在安装顶升套架过程中，当利用汽车吊或其他辅助吊机吊装顶升套架时，由于顶升套架上的爬爪或顶升横梁未正确可靠支撑固定，一旦汽车吊摘钩后，顶升套架就容易发生顶升套架滑落；塔机在拆除作业过程中，当需要上部结构拆除时，将解除回转下支座与顶升套架的连接，由于没有将顶升套架上的爬爪或顶升横梁可靠地悬挂在塔身标准节踏步上，在拆除其连接螺栓（或销轴）时，造成顶升套架滑落。

处置方法：

不管是在塔机安装顶升套架还是在拆塔作业过程中，一定要严格遵守专项施工方案和操作规程的要求。正确的做法就是要确保顶升套架上的爬爪或顶升横梁稳定可靠地悬挂在塔身标准节踏步上，然后再进行下一步的动作。

4. 塔机前后起重臂受力不平衡

塔机在安装、拆卸作业过程中，安拆单位为方便省事，只凭经验干活，没有事先编制专项安拆方案，或者违反操作规程施工。在安装时未装配重的前提下先安装起重臂，或者在拆卸过程中先拆起重臂，而未拆除平衡臂上的相应配重块，从而导致塔机前后重量不平衡，会发生塔机折臂事故。

处置方法：

在塔机安装、拆卸作业之前，编制好相应的专项施工方案，并经技术负责人批准后方可实施；在作业之前要进行相应的技术、安全交底工作，要求所有技术人员、作业人员参加，并要求交底后签字确认；在安装、拆卸作业过程中严格按照专项施工方案执行，不得违反操作规程。

5. 塔身螺栓未按要求进行紧固

在塔机安装过程中，有的作业人员为了方便省事，往往将塔身的连接螺栓仅用手或简单工具进行简单的紧固，但在安装起重臂、平衡臂及配重之前或塔机安装完成后依然没有按使用说明书要求的预紧力矩进行紧固或在同一标准节主弦杆上的螺栓预紧力矩不一致，造成螺栓受力不均，在进行上部结构安装或塔机作业时导致标准节连接螺栓断裂甚至塔机倒塌事故的发生。

处置方法：

所有作业人员在安装作业过程中严格按照专项施工方案执行，不得违反操作规程。在安装塔身高强度螺栓时使用相应的扭力扳手按使用说明书规定的预紧力矩进行紧固。不能事先简单地连接紧固就进行下一步的安装作业工序。为防止高强度螺栓的松动，在新安装的塔机使用的前两周内要定期进行螺栓的检查、紧固工作。

6. 塔机顶升作业过程中启动回转机构

塔机在顶升作业过程中，随意启动回转机构，旋转起重臂，会使塔机上部结构整体倾翻。因为此时塔身与起重臂及平衡臂等上部结构没有直接连接关系，仅靠顶升套架与上部结构相连，而顶升套架在此时与塔身无直接连接，必须使塔机起重臂和平衡臂两端平衡，才能使整机处于稳定状态。此时，整个顶升系统不能承受扭力。

处置方法：

在塔机顶升作业过程中，严禁启动回转机构，必须将回转机构制动住。在塔机顶升之前，严格按照说明书或专项施工方案的要求进行配平衡，必须保证塔机在顶升过程中起重臂方向和平衡臂方向两端的相对平衡关系。顶升完成后，必须将标准节与回转机构的连接螺栓按规定的预紧力矩紧固。

在顶升过程中，如果发现故障，必须立即停止顶升作业进行检查，待故障排除后方可继续顶升。对于短时间内不能排除的故障，必须将顶升套架降至原位，并及时将各处螺栓按原有预紧力矩紧固。

7. 塔机顶升作业时，提前拆除标准节螺栓

塔机顶升作业时，作业人员严重违反操作规程，提前拆除塔机标准节螺栓，使塔机处于失稳状态。因为此时拆除塔机标准节螺栓，但塔机还未进行配平衡，上部结构的重心严重偏心，势必要造成上部结构向一侧倾翻。而仅仅依靠顶升套架无法支撑不平衡的上部结构，会造成重大的塔机坍塌事故。

处置方法：

在塔机顶升作业过程中，要求作业人员严格按照操作规程施工作业。必须在塔机上部结构配平衡之后，整个塔机的上部结构的重心基本处于中心位置时方可拆除塔机标准节的螺栓，再进行下一步的顶升作业。

8. 塔机顶升作业时，靠启动回转配合拆除连接螺栓

塔机顶升作业过程中，在拆除回转机构与塔身标准节之间的连接螺栓（或销轴）时，出现一处螺栓（或销轴）拆除困难，拟采用启动回转机构的动作作为松动螺栓（销轴）寻找平衡点。这种动作是非常危险的，此时顶升套架的强度和稳定性不足以支撑整个塔机的上部结构，容易造成塔机坍塌事故。

处置方法：

首先要绝对禁止这种动作的发生，同时要让作业人员意识到这么做的危险性，正确认识专项施工方案和安全操作规程的重要性。如果在顶升作业中出现类似情形，正确的做法是将其对角的螺栓（或销轴）重新插入连接，然后再采取其他相关措施，比如加柴油去锈、敲击等有效方法。

9. 顶升爬爪支座有裂纹或损坏

塔机在顶升作业时，主要是由顶升套架和两侧的爬爪支座支撑，而当爬爪支座发生裂纹或损坏时，再次顶升就容易造成再次破坏，如果顶部标准节已经顶出，回转下支座与塔身之间无连接，顶升套架连同塔机上部结构会一起跌落，造成重大的塔机坍塌事故。

处置方法：

作业人员在顶升作业甚至在塔机安装之前，须依据相关标准规范要求对所有关键部件进行检查，确保所有部件尤其是关键部件和关键部位的完好性，如果检查过程中发现部件有损坏或结构有裂纹现象，应及时采取措施，进行修补或更换，并确保受损部件修补的完整性和完好性。

10. 塔机塔顶标准节与下支座未连接

塔机在顶升作业时，作业人员贪图方便或省力，未严格按照使用说明书规定要求操作，在顶升加节或降节时，在未将下支座与塔顶标准节用螺栓连接紧固的情况下，违章进行带载起升、回转或变幅，导致顶升套架在起重力矩的作用下产生严重变形或结构破坏后的上部结构倒塌。

塔机在顶升加节时，作业人员错误地认为只要将下支座与塔顶标准节用螺栓插入，根本不需要按规定用螺母预紧力矩紧固就可进行下一步的顶升加节，结果在进行起吊标准节时发生上部结构的倒塌事故。

处置方法：

作业人员在安装、拆卸作业过程中严格按照专项施工方案执行，不得违反操作规程。不管是在顶升加节或降节时，都要在塔机回转下支座与塔顶标准节用螺栓连接且以规定的预紧力矩进行紧固的情况下，才可以进行下一步的顶升加节或降节工序。

11. 塔机顶升加节或降节时发生墩塔事故

（1）塔机在顶升加节时，当顶升套架处于悬空状态时，由于顶升横梁未正确踏入标准节踏步凹槽内或者未将防脱装置锁住，造成塔机顶升加节时顶升横梁突然滑脱，导致上部结构失去支撑与塔顶发生剧烈碰撞，即发生了墩塔事故。

（2）塔机作二次顶升加节或降节回收油缸时，顶升套架上的一对爬爪，一个搁置在踏步上，另一个并未搁置在踏步上，造成油缸回收时单个爬爪的支座板受力后发生严重变形或断裂，导致上部结构失去悬挂支撑而发生墩塔事故。

（3）塔机顶升前对顶升套架上的爬爪支座板焊缝已经存在的开裂未及时发现，导致二次顶升回收油缸时，爬爪的支座板因上部结构重量使下部焊缝开裂，造成上部结构发生墩塔事故。

处置方法：

作业人员在安装、拆卸作业过程中严格按照专项施工方案执行，不得违反操作规程。无论塔机是在顶升加节还是降节过程中，都要求顶升横梁两个爬爪要准确踏入标准节踏步凹槽内，并将防脱装置锁住，确保塔机顶升顶升横梁不能滑脱出来。此外，塔机顶升前，须对包括顶升套架上的爬爪支座板焊缝在内的重要结构件及焊缝认真检查，确保顶升安全。

12. 塔机降节之前先拆附着装置

在拆除附着式塔式起重机的锚固装置时，应随着降落塔身的进程拆卸相应的锚固装置，但有的作业人员在塔机降节之前就先行拆除了塔机的附着锚固装置。当拆除了附着之后，塔身的悬臂高度就超过了允许值，对塔身的稳定性就变差了，就存在倒塌的危险。

处置方法：

在拆除塔机附着装置过程中，作业人员应严格遵守操作规程，严禁在塔机降节之前先行拆除塔机的附着锚固装置。必须要先进行降节，当降节至规定的位置后方可拆除塔机的附着装置。

13. 拆塔前后不平衡，出现上翘现象

在拆塔过程中，如果不按照专项施工方案的规定进行作业，往往拆卸塔机起重臂和平衡臂时前后不平衡，就会出现上翘的现象，这对在塔机上部敲打销轴的作业人员造成巨大威胁，甚至会有生命危险。

处置方法：

作业人员拆卸前后臂时应严格按照使用说明书的要求，选择合适的吊点，找出吊索的平衡点，同时吊索的夹角不能超过60°，如果夹角超过60°，会使吊索产生一个很大的水平分力，吊索内力加大，有发生断裂、脱钩的倾向。

14. 汽车吊或履带吊等辅助吊机在吊装塔机时倒塌、折臂

选用汽车吊或履带吊时未认真进行选型计算，因选型不当造成辅助吊机整机倾覆；对施工现场起吊位置的承载能力未经确认，又未采取有效地提高地基承载力的措施造成辅助吊机的支撑点下陷，导致整机倾覆；因受施工现场场地限制，未按专项施工方案的规定临时改变停放汽车吊或履带吊的位置，造成起升变幅幅度超过规定要求，导致辅助吊机整机倾覆或吊机起重臂折断的事故。

处置方法：

根据施工现场的场地条件以及吊装塔机部件的幅度和吊装高度等，认真选择合适的辅助吊装吊机。同时对施工现场辅助吊机的站位位置处的地基承载力认真勘测和确认，如果不能满足要求，必须采取有效地提高地基承载力的相关措施，比如加支撑、打桩、填土压实、硬化以及采取路基箱（板）等措施，确保吊机站位处的承载能力。另外，在吊装作业时，严格按照专项施工方案的要求停放辅助吊机的位置，保证辅助吊机起重量限制器和起升力矩限制器等安全装置的完好性，有序吊装相关安装部件，切实保证吊装过程中的安全。

15. 塔机附着装置问题

当塔机的安装高度超过其最大独立高度时就要使用附着装置，只有这样才能达到其预定使用高度。所以塔机附着装置也是塔机的关键受力构件。近年来因工程项目建设的不断深化和发展，附着结构出现了不同的结构形式和安装方式，但因设计人员的不严谨或安装人员的疏忽，常常会出现附着杆或其锚固件设计强度不够、稳定性差，或者是因部件安装不到位、销轴窜动或脱落而造成塔机的整体倾覆。

处置方法：

根据施工现场的安装条件和使用塔机的规格型号，参照塔机使用说明书的相关要求，如果通用附着装置可以使用，可以按照相关安装附着装置的工艺流程认真安装，保证其安装质量；如果因现场情况较为复杂且附着结构形式超出使用说明书的范围，则要委托有相应设计和制造能力的设计、制造单位进行设计制造，切实做好塔机附着装置的前期设计制造工作，然后再按照安装工艺流程进行安装，验收合格后予以使用。

第二节　例行检查保养

除日常的故障维修以外，根据塔机的保养频次和维护保养要求，塔机的维护保养基本上可分为例行检查保养、初级保养和高级保养。其中例行检查保养和初级保养一般在施工现场进行，而高级保养则在保养场内进行。本小节只介绍例行检查保养。

例行检查保养作业一般在施工现场的每班班前、班中、班后进行，作业内容较为简单，主要是检查、调整、紧固、润滑、清洁、防腐等，作业人员应是当班司机，如当班司机发现设备存在故障、重大安全隐患等不宜再继续进行作业的问题时，应立即停止作业并及时联系专业维修人员维修。

具体的例行检查保养内容如下：

1. 应对基础及地脚螺栓连接进行检查

应符合下列规定：

（1）基础应无沉降、无积水。

（2）地脚螺栓无松动、弯曲和断裂现象。

（3）接地装置应连接紧固。

2. 应对钢结构及连接进行检查

应符合下列规定：

（1）标准节、起重臂、平衡臂、塔帽、附墙装置等结构件应无明显变形、扭曲、脱焊、裂纹等现象。

（2）走道、休息平台、护栏应稳固可靠。

（3）销轴连接应齐全，轴向止动可靠。

（4）连接螺栓齐全、紧固可靠。

3. 应对起升机构和变幅机构进行检查

应符合下列规定：

（1）起升机构和变幅机构应运转正常无异响，温升正常，减速机无漏油、渗油现象。

（2）变幅小车应活动自如，无偏斜、卡死、滑脱等现象。

（3）各机械联轴器、销轴、机座及电动机固定螺栓应齐全、紧固。

（4）制动器应灵敏可靠。

4. 应对回转机构进行检查

回转机构应符合下列规定：

（1）回转齿轮与齿圈应无异响。

（2）回转减速机应运转正常无异响，无渗漏油现象。

5. 应对行走机构进行检查

行走机构应符合下列规定：

（1）塔机在轨道上行走时，枕木或路基箱等不会移动。

（2）路基应无积水，排水沟应畅通。

（3）钢轨与枕木或路基箱连接的道钉（螺栓）无松动缺失。

（4）钢轨接头之间的连接板牢固，螺栓紧固，轨距拉杆牢固。

（5）钢轨接头间隙应不大于 4mm，接点处两轨顶高度差应不大于 2mm。

（6）轨道端部止挡装置应牢固，行程限位开关碰铁与止挡装置距离大于 1m。

6. 应对电气控制系统进行检查

应符合下列规定：

（1）各连接线端子应连接牢固可靠。

（2）导线及电缆应无破损漏电现象。

（3）配电箱门应关闭完好。

（4）配电箱应无漏水现象。

（5）漏电保护器工作正常、灵敏可靠。

（6）各操作开关应完好、有效。

7. 应对安全装置进行检查

应符合下列规定：

（1）起重力矩限制器、起重量限制器、起升高度限位器、回转限位器、幅度限位器、动臂变幅限制装置、运行限位器应齐全、完好。

（2）小车断绳保护、小车防坠落装置、钢丝绳防脱装置、爬升防脱装置、抗风防滑装置应齐全、完好。

（3）报警器及风速仪应灵敏可靠。

8. 应对钢丝绳进行检查和清洁

应符合下列规定：

（1）钢丝绳在卷筒上应排列整齐。

（2）钢丝绳两端应紧固牢靠，绳卡应符合规定。

（3）钢丝绳上应无砂粒及杂物。

（4）钢丝绳应润滑良好，必要时应涂抹润滑脂。

（5）钢丝绳断丝、磨损、扭曲变形等超出相关规范要求时，应更换。

9. 应对吊钩进行检查

吊钩防脱装置应完好有效。

10. 应对卷筒和滑轮进行检查

卷筒和滑轮应符合下列规定：

（1）滑轮应运转自如，槽缘无破损，防跳绳装置齐全有效。

（2）卷筒防跳绳装置有效。

11. 应对配重进行检查

配重应牢固固定在平衡臂上。

12. 应对司机室进行检查

司机室应保持整洁卫生，门窗完好，视野清晰，底部绝缘板良好。

13. 应对各运动部位进行检查

各制动器铰点、吊钩轴承、回转支承、安全装置等运动部位，应按说明书要求加注润滑油或润滑脂。